JEC-2519：2016

目　次

ページ

序文 ……… 1
1 適用範囲 …………………………………………………………………………………………………… 1
2 引用規格 …………………………………………………………………………………………………… 1
3 用語及び定義 ……………………………………………………………………………………………… 1
4 使用状態 …………………………………………………………………………………………………… 3
5 種類・定格・標準値 ……………………………………………………………………………………… 3
6 構造 …… 3
7 性能・試験・検査 ………………………………………………………………………………………… 3
　7.1　試験・検査項目 ……………………………………………………………………………………… 3
　7.2　試験・検査条件 ……………………………………………………………………………………… 4
　7.3　動作値・復帰値 ……………………………………………………………………………………… 5
　7.4　動作時間・復帰時間 ………………………………………………………………………………… 7
　7.5　動作保証範囲 ………………………………………………………………………………………… 10
　7.6　低電圧ロック要素 …………………………………………………………………………………… 10
　7.7　ひずみ波特性 ………………………………………………………………………………………… 12
　7.8　系統じょう乱試験 …………………………………………………………………………………… 14
　7.9　フルスケールオーバ特性 …………………………………………………………………………… 14
　7.10　温度特性 …………………………………………………………………………………………… 15
　7.11　制御電源電圧特性 ………………………………………………………………………………… 16
8　表示 ……………………………………………………………………………………………………… 17
附属書A（規定）適用範囲 ………………………………………………………………………………… 18
附属書B（参考）周波数リレーが取り扱う周波数について …………………………………………… 19
附属書C（参考）標準値について ………………………………………………………………………… 21
附属書D（参考）動作値，復帰値試験について ………………………………………………………… 23
附属書E（参考）動作時間・復帰時間特性試験について ……………………………………………… 24
附属書F（参考）周波数リレーと低電圧ロック要素の協調 …………………………………………… 29
附属書G（参考）ひずみ波特性試験について …………………………………………………………… 31
附属書H（参考）系統じょう乱試験について …………………………………………………………… 33
附属書I（参考）フルスケールオーバ試験について …………………………………………………… 34
附属書J（参考）電力系統の種々の現象と周波数リレーの応動 ……………………………………… 37
附属書K（参考）周波数リレーシステム方式と周波数リレーと周波数変化率リレーの構成 ……… 43
附属書L（参考）周波数リレーシステム方式の総合動作試験について ……………………………… 45
解説 ……… 46

JEC-2519：2016

まえがき

この規格は，電気学会　保護リレー装置標準化委員会において 2010 年 4 月に制定作業に着手し，慎重審議の結果，2016 年 1 月に成案を得て，2016 年 3 月 23 日に電気規格調査会委員総会の承認を経て制定した，電気学会　電気規格調査会標準規格である。

この規格は，一般社団法人電気学会の著作物であり，著作権法の保護対象である。

この規格の一部が，特許権，出願公開後の特許出願，実用新案権，又は出願公開後の実用新案登録出願に抵触する可能性があることに注意を喚起する。一般社団法人電気学会は，このような特許権，出願公開後の特許出願，実用新案権，又は出願公開後の実用新案登録出願にかかわる確認について，責任をもたない。

電気学会　電気規格調査会標準規格

**JEC
2519** : 2016

ディジタル形周波数リレー
Digital Type Frequency Relays

序文

この規格は，電力機器の保護，電力系統の事故波及防止及び単独運転検出に使用されるディジタル形周波数リレーへの適用を目的として，**IEC** 規格との整合性についても検討を加えながら制定されたものである。なお，対応国際規格は現時点で制定されていない。

保護リレーの標準規格は 1968 年以来，一般規格と個別規格の両者により構成される体系をとっている。この規格は個別規格であり，周波数リレーに関する事項を規定する。各種の保護リレー全般にわたって共通する事項は一般規格 **JEC-2500**（電力用保護継電器）で規定されており，この規格の各所で引用されている。

1　適用範囲

この規格は，電力機器の保護及び電力系統の事故波及防止と単独運転検出に使用するディジタル演算形の周波数リレーに適用する。

2　引用規格

次に掲げる規格は，この規格に引用されることによって，この規格の規定の一部を構成する。これらの引用規格は，その最新版（追補を含む）を適用する。

JEC-2500　電力用保護継電器

JEC-2511　電圧継電器

3　用語及び定義

この規格で使用する主な用語の意味は次による。本項で規定のないものは，**JEC-2500**（電力用保護継電器）及び "電気学会電気専門用語集 No.23　保護リレー装置" による。

3.1
ディジタル形

静止形の一種で，入力量をディジタル量に変換して，演算処理（ディジタル演算形）あるいは計数処理（ディジタル計数形）するものであるが，この規格内では，ディジタル演算形を指す。

3.2
動作値

動作するのに必要な限界入力。

この規格では動作状態を継続するのに必要な限界入力の意味で使用する。

3.3
復帰値

復帰するのに必要な限界入力。

この規格では復帰状態を継続するのに必要な限界入力の意味で使用する。

3.4

動作時間

　入力がリレーを動作させる方向に動作値を超えて変化したとき，入力が動作値を超えた瞬間からリレーが動作するまでの時間。

3.5

復帰時間

　入力がリレーを復帰させる方向に復帰値を超えて変化したとき，入力が復帰値を超えた瞬間からリレーが復帰するまでの時間。

3.6

周波数

　角周波数 ω を 2π で除したもの。

　　注記　定常状態では，波形が $A\sin(\omega t + \theta)$ で示される場合の角周波数 ω を 2π で除したものをいうが，この規格で扱う周波数リレーでは，角周波数が時間関数である波形 $A\sin(\omega(t)t + \theta)$ で示される波形において，時刻 $t = t_0$ における角周波数 $\omega(t_0)$ を 2π で除したものも周波数と称す。

3.7

周波数掃引

　電圧入力の周波数を，規定の変化率で変化させる方法。

3.8

周波数急変

　電圧入力の周波数を，規定の幅で急変させる方法。

3.9

動作保証周波数

　周波数リレーが，定格電圧で正規に動作する周波数範囲。

3.10

不足周波数リレー

　周波数が，整定値以下になった場合に動作するリレー。なお，この規格内では UFR（Under Frequency Relay）と略記する。

3.11

過周波数リレー

　周波数が，整定値以上になった場合に動作するリレー。なお，この規格内では OFR（Over Frequency Relay）と略記する。

3.12

周波数変化率リレー方式Ⅰ

　二つの周波数リレーとタイマとから構成され，周波数リレーの整定値の差とタイマ時限整定を用いて，周波数変化率リレーを実現する方式。

3.13

周波数変化率リレー方式Ⅱ

　ディジタルリレーの演算処理で，逐次計算される周波数の一定時間の周波数変化分を用いて，周波数変化率リレーを実現する方式。

4 使用状態

JEC-2500（電力用保護継電器）を適用する。

5 種類・定格・標準値

入力，定格，整定値及び動作保証周波数の標準値を**表1**に示す。

表1—標準値

区分	入力	定格		整定値		動作保証周波数 [d]
		電圧	周波数	周波数リレー要素	低電圧ロック要素	
UFR	各相電圧 [a]	相電圧 63.5 V	50 Hz 60 Hz	50 Hz 系：45.0〜49.5 Hz，ステップ 0.1 Hz 60 Hz 系：54.0〜59.4 Hz，ステップ 0.1 Hz	線間電圧 30 V〜70 V 範囲内での固定整定	下限：定格周波数 −10 Hz 上限：定格周波数 +10 Hz
OFR	線間電圧	線間電圧 110 V		50 Hz 系：50.5〜55.0 Hz，ステップ 0.1 Hz 60 Hz 系：60.6〜66.0 Hz，ステップ 0.1 Hz		
周波数変化率リレー [b]				0.20〜3.00 Hz/s，ステップ 0.01 Hz [c]		

注 [a]　入力が各相電圧である場合は，線間電圧に合成されて応動する。
注 [b]　周波数変化率リレーは，周波数変化率リレー方式IIの標準値を記載する。
注 [c]　周波数変化率リレーで，整定値の分母が，0.1 s のものがあるが，1 s 単位に読み替えた。
注 [d]　動作保証周波数の標準値を定めた。この値と異なる場合，製造業者は明示しなければならない。

UFRとOFRの保護リレー性能によるクラス分けを**表2**に示す。

表2—周波数リレーの保護リレー性能によるクラス分け

クラス	動作値	動作時間
A 級	±0.02 Hz 以内	50〜100 ms 以内
B 級	製造業者の明示する値 ただし，±0.1 Hz 以内	製造業者の明示する値 ただし，50〜150 ms 以内

6 構造

JEC-2500（電力用保護継電器）を適用する。

7 性能・試験・検査

7.1 試験・検査項目

この規格の適用されるリレーは，**JEC-2500**（電力用保護継電器）に規定される試験・検査のほか，**表3**に示す○印の各項目の試験・検査を行う。

表3—試験・検査項目

試験・検査項目	形式試験	ルーチン試験	試験・検査の内容
動作値	◯	◯	7.3.2　7.3.3
復帰値	◯	◯	7.3.2
動作時間	◯	◯	7.4.2　7.4.3
復帰時間	◯		7.4.2
動作保証範囲	◯		7.5.2
低電圧ロック要素	◯	◯	7.6.2　7.6.4
ひずみ波特性	◯		7.7.2　7.7.3
系統じょう乱試験	◯		7.8.2
フルスケールオーバ特性	◯		7.9.2
温度特性	◯		7.10.2
制御電源電圧特性	◯		7.11.2

注記　ルーチン試験は，従来は受入試験と呼んでいた。

7.2 試験・検査条件

7.2.1 標準試験条件

各試験・検査項目で，特に変化させる場合を除き，**JEC-2500**（電力用保護継電器）**6.1** 記載の試験条件で試験する。

7.2.2 周波数リレーの標準試験方法

試験電圧印加方法は，試験の各項目で特に指定されない限り**表4**，**表5**による。

表4—相電圧入力回路への試験電圧印加方法

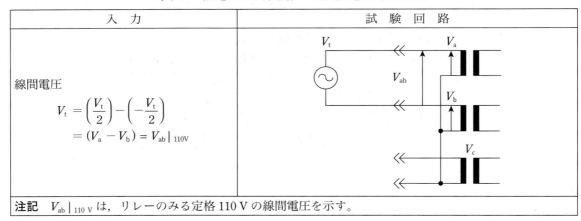

表5—線間電圧入力回路への試験電圧印加方法

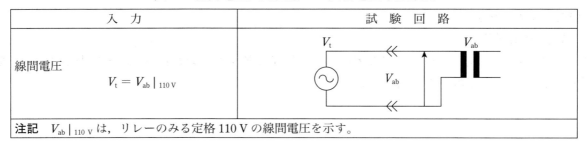

7.3 動作値・復帰値

7.3.1 性能

1) 動作値 **7.3.2**, **7.3.3** により試験したとき,

$$\varepsilon_{\mathrm{op}} = M_{\mathrm{op}} - M_{\mathrm{nomi}}$$

ここに, $\varepsilon_{\mathrm{op}}$：動作値誤差

M_{op}：動作値

M_{nomi}：公称動作値

は, **表6**, **表8** 又は **表10** の許容誤差内になければならない。公称動作値は周波数整定値とする。

2) 復帰値 **7.3.2** により試験したとき,

$$\varepsilon_{\mathrm{re}} = M_{\mathrm{re}} - M_{\mathrm{nomi}}$$

ここに, $\varepsilon_{\mathrm{re}}$：復帰値誤差

M_{re}：復帰値

M_{nomi}：公称復帰値

は, **表7** の許容誤差内になければならない。公称復帰値は動作・復帰整定値間に差を設けていないリレーでは周波数整定値とし, 動作・復帰整定値間に差を設けたリレーでは, 製造業者は公称復帰値を明示しなければならない。

7.3.2 周波数リレーの試験・検査

動作値・復帰値の測定は入力の周波数を緩やかに変化させて行うものとする。

1) 動作値 **表6** に示す試験条件において各リレーについて動作値を測定する。

2) 復帰値 **表7** に示す試験条件において各リレーについて復帰値を測定する。

表6—周波数リレーの動作値

区　分		許容誤差 Hz	
		A 級	B 級
UFR		±0.02	製造業者の明示する値 ただし±0.10 以内とする
OFR			
試験条件	周波数整定	最小, 中間, 最大 低電圧入力時は, UFR は最小整定だけ, OFR は最大整定だけ実施する。	
	入力電圧	・線間電圧で定格値 ・低電圧値[a)] (低電圧ロック要素の整定値[b)] × 110) ％	
試験の種類		形式試験, ルーチン試験	
注[a)]　低電圧入力での試験は, 形式試験だけで実施する。			
注[b)]　低電圧ロック要素が可変整定の場合, 最小整定で実施する。			

JEC-2519：2016

表7―周波数リレーの復帰値

区　分		許容誤差 Hz	
		A 級	B 級
UFR		±0.02	製造業者の明示する値 ただし ±0.10 以内とする
OFR			
試験 条件	周波数整定	最小，中間，最大	
	入力電圧	線間電圧で定格値	
試験の種類		形式試験，ルーチン試験	

7.3.3　周波数変化率リレーの試験・検査

1)　動作値　表 8，表 10 に示す試験条件において各リレーについて動作値を測定する。

周波数変化率リレー方式 I の試験を実施する場合，次の方法で，入力の周波数を一定の変化率で低下又は上昇させて行うものする。

表8―周波数変化率リレー方式 I の動作値

区　分		許容誤差 Hz/s
周波数変化率		製造業者の明示する値
試験 条件	周波数変化率整定	0.2，1.0，2.5
	入力電圧	線間電圧で定格値
	入力周波数	周波数低下 [a]：定格周波数から $f_\mathrm{b} - 1.0\ \mathrm{Hz}$ に掃引 周波数上昇 [b]：定格周波数から $f_\mathrm{b} + 1.0\ \mathrm{Hz}$ に掃引
試験の種類		形式試験，ルーチン試験
注 [a]	周波数低下方向で動作する周波数変化率リレー方式 I で実施	
注 [b]	周波数上昇方向で動作する周波数変化率リレー方式 I で実施	

表 8 に示す試験条件において各リレーについて動作値を測定する。ここで，周波数変化率の整定：$\Delta f/\Delta t$ は，周波数リレーの整定値 f_a, f_b とタイマ整定 T_c から，$\dfrac{\Delta f}{\Delta t} = \dfrac{f_\mathrm{a} - f_\mathrm{b}}{T_\mathrm{c}}$ となる。

試験条件における周波数変化率リレー方式 I の周波数整定 $\Delta f/\Delta t$ と，周波数リレーの整定値 f_a, f_b とタイマ整定 T_c との例を表 9 に示す。

表9―周波数変化率リレー方式 I の試験時の整定値例

	$f_\mathrm{a} - f_\mathrm{b}$	1.0 Hz	0.5 Hz
$\Delta f/\Delta t$	0.2 Hz/s	$T_\mathrm{c} = 5.0\ \mathrm{s}$	$T_\mathrm{c} = 2.5\ \mathrm{s}$
	1.0 Hz/s	1.0 s	0.5 s
	2.5 Hz/s	0.4 s	0.2 s

JEC-2519：2016

周波数変化率リレー方式Ⅱの試験を実施する場合，次の方法で，入力の周波数を一定の変化率で低下及び上昇させて行うものとする。

表 10—周波数変化率リレー方式Ⅱの動作値

区　分		許容誤差 Hz/s
周波数変化率		±0.08
試験条件	周波数変化率整定	最小，中間，最大 低電圧入力時は，最小整定だけ実施する。
	入力電圧	・線間電圧で定格値 ・低電圧値 [a]（低電圧ロック要素の整定値 [b] ×110％）
	入力周波数	周波数低下：定格周波数から定格周波数 −2.0 Hz に掃引 周波数上昇：定格周波数から定格周波数 ＋2.0 Hz に掃引
試験の種類		形式試験，ルーチン試験

注 [a]　低電圧入力での試験は，形式試験だけで実施する。
注 [b]　低電圧ロック要素が可変整定の場合，最小整定で実施する。

7.4　動作時間・復帰時間

7.4.1　性能

7.4.2，**7.4.3** により試験したとき，動作時間・復帰時間は，**表 11** に示す範囲内でなければならない。性能管理点以外の試験点での性能は，製造業者が明示する。

表 11—周波数リレー及び周波数変化率リレーの動作時間，復帰時間

区　分	判定基準 ms		
	周波数リレー		周波数変化率リレー
	A 級	B 級	
UFR	50〜100 [a]	製造業者の明示する値 [a] ただし 50〜150 以内とする。	製造業者の明示する値 [a] ただし 50〜260 以内とする。
OFR			
試験条件 [b]	周波数変化率：3.0 Hz/s		周波数変化率：整定値の 3.0 倍

注 [a]　動作時間・復帰時間は時間範囲で明示しなければならない。
注 [b]　動作時間・復帰時間の管理は，動作値・復帰値誤差の影響が小さくなる試験条件とした。

7.4.2　周波数リレーの試験・検査

表 12 に示す周波数掃引による動作時間・復帰時間の測定を標準方式とする。形式試験においては，ばらつきの幅が把握できる程度の回数，試験を行う。ただし，形式試験において**表 13** に示す入力電圧の周波数急変による動作時間・復帰時間の測定を追加実施することで，ルーチン試験は入力電圧の周波数急変での試験で代替してもよい。

8

JEC-2519：2016

表 12—周波数掃引による周波数リレーの動作時間・復帰時間特性の試験条件

周波数変化率 [a] Hz/s		0.5	1.0	3.0	5.0	3.0
動作時間 [b]		○	○	○	○	○
復帰時間 [b]		○	○	○	○	—
試験条件	周波数整定	UFR：最小 OFR：最大				
	入力電圧	線間電圧で定格値				
	入力周波数	動作時間測定の場合　UFR：定格周波数から周波数整定値 −0.5 Hz に掃引　OFR：定格周波数から周波数整定値 +0.5 Hz に掃引　復帰時間測定の場合　UFR：周波数整定値 −0.5 Hz から定格周波数に掃引　OFR：周波数整定値 +0.5 Hz から定格周波数に掃引				
試験の種類		形式試験				ルーチン試験

注 [a]　動作時間・復帰時間は，周波数変化率により動作値・復帰値誤差の影響を受け変化する
　　　可能性があり，周波数変化率を変え試験を実施することとした。
注 [b]　○は実施試験項目を示す。
注記　太枠で動作時間・復帰時間の性能管理点を示す。

表 13—周波数急変による周波数リレーの動作時間・復帰時間特性の試験条件

周波数急変 Hz		周波数整定値 +0.5 Hz ⟷ 周波数整定値 −0.5 Hz	
動作時間 [a]		○	○
復帰時間 [a]		○	—
試験条件	周波数整定	UFR：最小 OFR：最大	
	入力電圧	線間電圧で定格値	
	入力周波数	動作時間測定の場合　UFR：周波数整定値 +0.5 Hz から周波数整定値 −0.5 Hz に急変　OFR：周波数整定値 −0.5 Hz から周波数整定値 +0.5 Hz に急変　復帰時間測定の場合　UFR：周波数整定値 −0.5 Hz から周波数整定値 +0.5 Hz に急変　OFR：周波数整定値 +0.5 Hz から周波数整定値 −0.5 Hz に急変	
試験の種類		形式試験	ルーチン試験

注 [a]　○は実施試験項目を示す。

7.4.3 周波数変化率リレーの試験・検査

表14，表15に示す試験条件で動作時間を測定する。形式試験においては，ばらつきの幅が把握できる程度の回数，試験を行う。

周波数変化率リレー方式Ⅰの試験を実施する場合，表14に示す方法で，入力の周波数を一定の変化率で低下又は上昇させて行うものとする。動作時間は，入力電圧の周波数がf_0を通過してからの時間となる。

表14— 周波数掃引による周波数変化率リレー方式Ⅰの動作時間特性の試験条件

周波数変化率 （整定値に対する倍数）		1.5	2.0	3.0	5.0	3.0
試験 条件	周波数変化率整定	0.2 Hz/s				
	入力電圧	線間電圧で定格値				
	入力周波数	周波数低下 [a]： 　定格周波数から$f_0 - 1.0$ Hz に規定の周波数変化率で掃引 周波数上昇 [b]： 　定格周波数から$f_0 + 1.0$ Hz に規定の周波数変化率で掃引				
	試験の種類	形式試験				ルーチン試験
注記 太枠で動作時間の性能管理点を示す。						
注 [a] 周波数低下方向で動作する周波数変化率リレー方式Ⅰで実施						
注 [b] 周波数上昇方向で動作する周波数変化率リレー方式Ⅰで実施						

周波数変化率リレー方式Ⅱの試験を実施する場合，表15に示す方法で，入力の周波数を一定の変化率で低下及び上昇させて行うものとする。動作時間は，規定の変化率で周波数掃引を開始してからの時間となる。

表15— 周波数掃引による周波数変化率リレー方式Ⅱの動作時間特性の試験条件

周波数変化率 （整定値に対する倍数）		1.5	2.0	3.0	5.0	3.0
試験 条件	周波数変化率整定	最小				
	入力電圧	線間電圧で定格値				
	入力周波数	周波数低下： 　定格周波数から定格周波数 −2.0 Hz に規定の周波数変化率で掃引 周波数上昇： 　定格周波数から定格周波数 ＋2.0 Hz に規定の周波数変化率で掃引				
	試験の種類	形式試験				ルーチン試験
注記 太枠で動作時間の性能管理点を示す。						

10
JEC-2519：2016

7.5　動作保証範囲

7.5.1　性能

7.5.2 により試験したとき，動作保証範囲で復帰してはならない。

この試験で，動作保証周波数範囲を確認する。

7.5.2　試験・検査

表 16 に示す試験条件で動作保証範囲試験をする。

表 16— 動作保証範囲試験

項　目		動作値
判定基準		UFR, OFR：整定値付近で動作した後，動作周波数範囲で復帰しないこと 周波数変化率リレー：動作保証周波数範囲で復帰しないこと
試験条件	周波数整定	UFR：最小 OFR：最大 周波数変化率リレー：最小
	低電圧ロック要素の整定 [a]	最大
	入力電圧	定格電圧
	入力周波数 [b] [c]	UFR：定格周波数から下限動作保証周波数まで変化 OFR：定格周波数から上限動作保証周波数まで変化 周波数変化率： 　定格周波数から下限動作保証周波数まで掃引 　定格周波数から上限動作保証周波数まで掃引
試験の種類		形式試験

注[a]　低電圧ロック要素が可変整定の場合，整定範囲の最大整定で試験をする。
注[b]　周波数リレーは，定格周波数から限界周波数まで緩やかに変化させる。
注[c]　周波数変化率リレーは，周波数変化率整定の 3 倍の変化率で掃引させる。なお，周波数リレーと周波数変化率リレーが同一のリレーユニットに収納され，周波数リレーの動作保証範囲の試験で，周波数変化率リレーの性能が保証される場合，周波数変化率リレーの試験を省略することができる。

7.6　低電圧ロック要素

周波数リレーの低電圧ロックとして使用される不足電圧リレー（内蔵，外付のいずれも）について，性能及び試験・検査について規定する。

7.6.1　動作値・動作時間・復帰時間の性能

7.6.2 により動作値を試験したとき，

$$\varepsilon_{\mathrm{op}} = \frac{M_{\mathrm{uv}} - M_{\mathrm{nomi}}}{M_{\mathrm{nomi}}} \times 100$$

ここに，$\varepsilon_{\mathrm{op}}$：動作値誤差（％）

M_{uv}：動作値（V）

M_{nomi}：公称動作値（V）

が，**表 17** の許容誤差以内でなければならない。

また，**7.6.2** により動作時間及び復帰時間を試験したとき，**表 18**，**表 19** 記載の判定基準を満足しなければならない。

7.6.2 動作値・動作時間・復帰時間の試験・検査

表17，表18，表19に示す試験条件で低電圧ロック要素の動作値と動作時間と復帰時間を試験する。形式試験においては，ばらつきの幅が把握できる程度の回数，試験を行う。

表17―低電圧ロック要素の動作値

項　目		許容誤差 %
判定基準		±5
試験 条件	低電圧ロック要素の整定 [a]	最小，中間，最大
	入力周波数	定格周波数
試験の種類		形式試験，ルーチン試験
注 [a]　低電圧ロック要素が可変整定の場合，整定範囲の最小，中間，最大の整定で試験をする。		

表18―低電圧ロック要素の動作時間

項　目		動作時間 ms
判定基準 [a]		40 以内
試験 条件	低電圧ロック要素の整定 [b]	最小
	入力電圧 [c]	定格電圧から公称動作値 [d] の 90 ％ に急変
	入力周波数	定格周波数
試験の種類		形式試験，ルーチン試験

注 [a) c)] 低電圧ロック要素は周波数リレーと協調を図る必要があり，試験条件の入力電圧及び判定基準について，**JEC-2511**（電圧継電器）とは異なる条件とした。
注 [b]　低電圧ロック要素が可変整定の場合，整定範囲の最小整定で試験をする。
注 [d]　公称動作値は低電圧ロック要素の整定値とする。

表19―低電圧ロック要素の復帰時間

項　目		復帰時間 ms
判定基準 [a]		40 以内
試験 条件	低電圧ロック要素の整定 [b]	最大
	入力電圧 [c]	0 V から定格電圧に急変
	入力周波数	定格周波数
試験の種類		形式試験，ルーチン試験

注 [a) c)] 低電圧ロック要素は周波数リレーと協調を図る必要があり，試験条件の入力電圧及び判定基準について，**JEC-2511**（電圧継電器）とは異なる条件とした。
注 [b]　低電圧ロック要素が可変整定の場合，整定範囲の最大整定で試験をする。

12

JEC-2519：2016

7.6.3　周波数特性の性能

7.6.4 により動作値を試験したとき，

$$\frac{M_{\mathrm{f}} - M}{M} \times 100 \ （\%）$$

ここに，　M：定格周波数における実測値（V）

M_{f}：**表 20** の試験条件に示す入力電圧周波数での実測値（V）

が，**表 20** の許容誤差以内でなければならない。

なお，本試験は形式試験時だけ実施する。

7.6.4　周波数特性の試験・検査

表 20 に示す試験条件の入力周波数で，入力電圧を定格電圧から徐々に低下させ，低電圧ロック要素の動作値を測定する。

表 20 — 低電圧ロック要素の周波数特性

項　目		動作値の許容誤差 %
判定基準		製造業者の明示する値 [a]
試験条件	低電圧ロック要素の整定 [b]	最大
	入力電圧	定格電圧から徐々に低下させる
	入力周波数	UFR：最小整定に対応する周波数，下限動作保証周波数 OFR：最大整定に対応する周波数，上限動作保証周波数 周波数変化率リレー：下限動作保証周波数，上限動作保証周波数
試験の種類		形式試験

注 [a] 低電圧ロック要素は周波数リレーと協調を図る必要があり，試験条件の入力周波数は **JEC-2511**（電圧継電器）より広い範囲で実施することとし，判定基準については定格周波数動作値の±5 ％以内までの精度の必要性はないため，製造業者の明示する値とした。

注 [b] 低電圧ロック要素が可変整定の場合，整定範囲の最大整定で試験をする。

7.7　ひずみ波特性

7.7.1　性能

7.7.2 により動作値を試験したとき，

$$M_{\mathrm{N}} - M_{1}$$

ここに，M_{1}：基本波単独による実測値

M_{N}：N 次高調波を含有したときの入力の基本波分の実測値

が，**表 21** の許容誤差以内でなければならない。

また **7.7.3** により，事故時ひずみ波試験をしたとき，リレーは動作してはならない。

7.7.2　常時ひずみ波試験

表 21 に示す試験条件で，整定周波数の第 N 次高調波（$N = 3, 5, 7$）をそれぞれ単独で基本波（定格周波数）に重畳したときのリレーの動作値を測定する。

JEC-2519：2016

表 21―常時ひずみ波特性

区　分		周波数リレー [a]		周波数変化率リレー
		A 級	B 級	
許容誤差 [b]		±0.05 Hz	製造業者の明示する値 ただし ±0.20 Hz 以内とする。	±0.08 Hz/s
試験条件	周波数整定	UFR：最小 OFR：最大 周波数変化率リレー：最小		
	低電圧ロック要素の整定 [e]	最小		
	入力電圧	基本波線間電圧が定格値		
	入力周波数	定格周波数		
	ひずみ波成分	第 3, 5, 7 調波 5 %（基本波成分を 100 %として）		
	高調波の重畳方式	非同期方式 [c] [d]		
試験の種類		形式試験		

注 [a]　動作値の測定は入力の周波数を緩やかに変化させて行うものとする。
注 [b]　動作値の測定方法は，ひずみ波で動作点を確認後，高調波の印加を停止して，基本波成分単独の周波数値を計測する方法とする。
注 [c]　基本波に対して高調波分の同期はとらないで，滑りの速さを動作時間及び復帰時間に比べて十分に遅くして測定する方法である。
注 [d]　非同期方式によりがたいときは同期方式でよい。この場合，高調波分の含有位相角は，高調波の位相で 90° ごとに 360° までとする。
注 [e]　低電圧ロック要素が可変整定の場合，整定範囲の最小整定で試験をする。

7.7.3　事故時ひずみ波試験

表 22 に示す試験条件で，定格周波数の第 N 次高調波（N = 3, 5, 7）をそれぞれ単独で基本波（定格周波数）に重畳したときのリレーの応動を確認する。

表 22―事故時ひずみ波特性

区　分		周波数リレー		周波数変化率リレー
		A 級	B 級	
判定基準		動作しないこと [c]		
試験条件	周波数整定	UFR：最大 OFR：最小 周波数変化率リレー：製造業者が保証する整定値		
	低電圧ロック要素の整定 [d]	最小		
	入力電圧	基本波線間電圧が定格値 ただし，上記の条件で電圧入力がフルスケールオーバする場合は，フルスケールオーバしないよう入力電圧を低減して実施する。		
	入力周波数	定格周波数		
	ひずみ波成分	第 3, 5, 7 調波 90 %（基本波成分を 100 %として）		
	高調波の重畳方式	非同期方式 [a] [b]		
試験の種類		形式試験		

注 [a]　基本波に対して高調波分の同期はとらないで，滑りの速さを動作時間及び復帰時間に比べて十分に遅くして測定する方法である。
注 [b]　非同期方式によりがたいときは同期方式でよい。この場合，高調波分の含有位相角は，高調波の位相で 90° ごとに 360° までとする。
注 [c]　常に遅延タイマと組合せ使用されるリレーは，タイマと組合せて試験を実施してもよいこととする。
注 [d]　低電圧ロック要素が可変整定の場合，整定範囲の最小整定で試験をする。

14

JEC-2519：2016

7.8 系統じょう乱試験

7.8.1 性能

7.8.2 により試験したとき，リレーが動作してはならない。

7.8.2 試験・検査

表23 に示す試験条件で系統じょう乱試験をする。周波数リレーを構成する要素（周波数リレー要素，低電圧ロック要素，タイマ）間で協調が図れていることを確認する。

表23— 系統じょう乱試験

区　分		周波数リレー		周波数変化率リレー
		A級	B級	
判定基準		動作しないこと [b]		
試験条件	周波数整定	UFR：最大 OFR：最小 周波数変化率リレー：最小		
	低電圧ロック要素の整定 [a]	最小，最大		
	入力電圧	1) 電圧急変：定格電圧 ⇄ 低電圧ロック要素整定 　　　　　　× 110, 90, 0％に急変 2) 位相急変：定格電圧で，位相を±30°に急変 3) 電圧位相同時急変：定格電圧 ⇄ 低電圧ロック要素整定 　　　　　　× 110, 90, 0％ 　　　　　　位相を±30°に急変		
	入力周波数	定格周波数		
試験の種類		形式試験		

注 [a]　低電圧ロック要素が可変整定の場合，整定範囲の最小及び最大整定で試験をする。
注 [b]　常に遅延タイマと組合せ使用されるリレーは，タイマと組合せて試験を実施し，動作しなければよいこととする。

7.9 フルスケールオーバ特性

7.9.1 性能

7.9.2 により試験したとき，リレーが動作してはならない。

7.9.2 試験・検査

表24 に示す試験条件でフルスケールオーバ特性試験をする。

表24—フルスケールオーバ特性

区　分		周波数リレー		周波数変化率リレー
		A級	B級	
判定基準		動作しないこと		
試験条件	周波数整定	UFR：最大 OFR：最小 周波数変化率リレー：最小		
	低電圧ロック要素の整定 [b]	最小		
	入力電圧	フルスケール電圧 × 110％ [a]		
	入力周波数	定格周波数		
試験の種類		形式試験		

注 [a] 電圧入力として，線間電圧が直接入力されず，各相の相電圧入力により合成される場合，1相の相電圧回路にフルスケール × 110％の入力を印加して試験を行う。
注 [b] 低電圧ロック要素が可変整定の場合，整定範囲の最小整定で試験をする。

1相の相電圧回路にフルスケール × 110％の入力を印加する試験方法を**表25**に示す。

表25—相電圧回路に電圧印加によるフルスケール試験方法

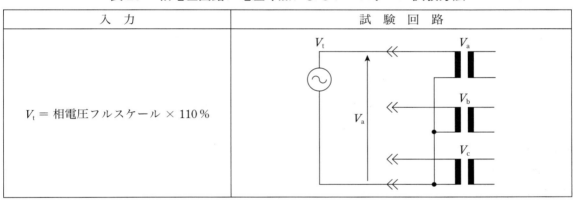

7.10 温度特性

7.10.1 性能

1) 周囲温度を0℃，20℃及び40℃として，**7.10.2** 1)により動作値を測定したとき，

$$M_0 - M_{20}, \quad M_{40} - M_{20}$$

ここに，M_0：周囲温度0℃における実測値
　　　　M_{20}：周囲温度20℃における実測値
　　　　M_{40}：周囲温度40℃における実測値

が**表26**の許容誤差以内でなければならない。

2) 周囲温度を−10℃，20℃及び50℃として，**7.10.2** 2)により動作値を測定したとき，

$$M_{-10} - M_{20}, \quad M_{50} - M_{20}$$

ここに，M_{-10}：周囲温度−10℃における実測値
　　　　M_{20}：周囲温度20℃における実測値
　　　　M_{50}：周囲温度50℃における実測値

が**表26**の許容誤差の2倍以内でなければならない。

16

JEC-2519 : 2016

7.10.2 試験・検査

1) 表26に示す試験条件で，周囲温度を0℃，20℃，40℃として動作値を測定する。

2) 表26に示す試験条件で，周囲温度を−10℃，20℃，50℃として動作値を測定する。

表26—温度特性

区　分		周波数リレー [a]		周波数変化率リレー
		A級	B級	
許容誤差		±0.02 Hz	製造業者の明示する値 ただし±0.10 Hz 以内とする	±0.08 Hz/s
試験条件	周波数整定	UFR：最小 OFR：最大 周波数変化率リレー：最小		
	入力電圧	線間電圧で定格値		
試験の種類		形式試験		
注 [a]　動作値の測定は入力の周波数を緩やかに変化させて行うものとする。				

7.11　制御電源電圧特性

7.11.1　性能

制御電源電圧を表28の下限値・上限値及び定格値とし，動作値を測定したとき，

$$M_{-v} - M, \quad M_{+v} - M$$

ここに，M：制御電源電圧が定格値における実測値

M_{-v}：制御電源電圧が下限値における実測値

M_{+v}：制御電源電圧が上限値における実測値

が，表27の許容誤差以内でなければならない。

7.11.2　試験・検査

表27に示す試験条件で，制御電源電圧を表28の下限値・上限値及び定格値とし，動作値を測定する。

表27—制御電源電圧特性

区　分		周波数リレー [a]		周波数変化率リレー
		A級	B級	
許容誤差		±0.02 Hz	製造業者の明示する値 ただし±0.10 Hz 以内とする	±0.08 Hz/s
試験条件	周波数整定	UFR：最小 OFR：最大 周波数変化率リレー：最小		
	入力電圧	線間電圧で定格値		
試験の種類		形式試験		
注 [a]　動作値の測定は入力の周波数を緩やかに変化させて行うものとする。				

表28—制御電源電圧特性　試験条件

併用される制御電源の種類	制御電源電圧（定格値の%）	
	下限値	上限値
一般の直流制御電源	80	130
注記　制御電源電圧特性の試験条件は JEC-2500 に定める制御電源電圧変動範囲の上限値と下限値である。		

8 表示

　この規格を適用するリレーの表示は，**JEC-2500**（電力用保護継電器）の表示の規定によるものとする。なお，**JEC-2500** に定める表示事項のうち，電気規格調査会標準規格の番号は **JEC-2519** を表示する。

附属書 A
（規定）
適用範囲

A.1 適用範囲

　ディジタル形周波数リレーには，交流入力電圧を方形波変換して，水晶発振器から生成されるクロックで，電圧入力の周期を測定して，整定値と比較するディジタル計数形周波数リレーと，交流入力電圧をサンプリング，A/D 変換されたデータを基に，ディジタル演算により周波数を求めるディジタル演算形周波数リレーがある。近年は，A/D 変換されたデータを基に，複数の保護リレー演算を行うディジタル演算形が大部分になっていることから，この規格は，後者のディジタル演算形周波数リレーに限定することとした。

A.2 適用対象の周波数リレー

　周波数リレーは，特別高圧系統から，高圧系統，低圧系統まで広く使用されており，使用目的としては，電力機器の保護，電力系統の事故波及防止及び単独運転検出である。

　系統連系規程 **JEAC 9701** に規定される系統連系装置及び系統連系機能に組み込まれる周波数リレー（周波数上昇，周波数低下）はこの規格の対象とするが，受動的方式又は能動的方式による単独運転検出機能に組み込まれる周波数リレーは，特性及び構成がこの規格の対象としているディジタル演算形周波数リレーと異なることから，この規格の対象外とする。

　この規格の対象外とみなされる周波数リレーに対しても，適用可能な項目については，この規格を準用することが望ましい。

附属書 B

（参考）

周波数リレーが取り扱う周波数について

B.1 周波数リレーが取り扱う周波数と周波数の定義

　ディジタル形周波数リレーは，交流電圧入力をサンプリングし，A/D 変換されたディジタルデータを基に周波数演算を実施している。周波数は，"新版　電気用語辞典"電気用語辞典編集委員会編で，"交流の電圧や電流の周波の 1 秒間に繰り返される数。単位はヘルツ（Hz）"と定義されているが，ディジタル形周波数リレーには，その高速動作の要求から，半サイクルから 1 サイクル程度のサンプリングデータから求めた周波数が使用されている。

　周波数演算の方式例として，次に示すものが実用化されている。

・交流波形の零クロス点から周期を求め，周波数に換算する。

　周期は，"交番量の 1 サイクルを完成するために要する時間。その単位は秒，（s）である"と定義されている。周期 T と周波数 f は，$T = 1/f$ の関係となる。

・交流波形の位相角の変化から角周波数を求め，周波数に換算する。

　角周波数は，"周期現象における単位時間当たりの位相角の変化。その単位は（rad/s）である"と定義されている。角周波数 ω と周波数 f は，$\omega = 2\pi f$ の関係となる。

　ディジタル形周波数リレーは，半サイクルから 1 サイクル程度のサンプリングデータから計算された周期もしくは角周波数から求められる周波数を取り扱っている。

　また **IEV 103-06-02** での，Frequency（周波数）の定義は，Reciprocal of the Period（周期の逆数）となっている。

　電力系統で周波数が変化する現象は，1 サイクルの間も時々刻々変化する現象もあり，短時間の周波数を正確に表現できる必要がある。そこで，周波数リレーの取り扱う周波数の定義は，角周波数 ω を 2π で除したものから求めるものとし，角周波数 ω が時間関数である場合でも，対応できる定義とした。

B.2 周波数リレー関連機器の取り扱う周波数

　周波数リレー関連機器の取り扱う周波数と応答時間例を**図 B.1** に示す。

20

JEC-2519：2016

機器名	調査規格	取り扱う周波数，応答時間例
周波数の検出	電力用規格 B-402 JEC-2519 ディジタル形 周波数リレー	←→ 1/2～1 サイクル
周波数リレーシステム 事故波及防止装置	電気学会技術報告 第 1127 号 周波数リレーシステムに よる事故波及防止技術	0.08 秒　～　9 000 秒 ←———————————→
系統連系装置・系統連系 機能（単独運転検出に使 用する周波数上昇リレー， 周波数低下リレー）	JEAC 9701：2012 系統連系規程	0.5 秒～2 秒 ←→
同期フェーザ Synchrophasor	IEEE C37.118.1 電力システムのための 同期フェーザ	←→ 1 サイクル（情報伝送は 1 回/0.5～5 サイクル）
電力品質	IEC 61000-4-30 電力品質測定方法	10 秒（平均周波数） ←→

図 B.1—周波数リレー関連機器の取り扱う周波数

附属書 C

（参考）

標準値について

C.1　標準の整定値について

本委員会参加の電力会社と（一社）日本電機工業会継電器技術専門委員会電力用リレーＷＧ参加のリレー製造業者に対して，周波数リレーの整定範囲と運用整定値についてアンケート調査を行った。

その結果を基に，次の点を考慮して，標準値を定めた。

1） 周波数整定範囲に定格周波数近傍は含めないこととした。

アンケート結果の周波数整定として定格周波数及びその近傍を含む周波数リレーがあった。しかし，標準整定範囲としては次に示す事項を満足できるものとした。

・定格周波数で実施される事故時ひずみ波試験と系統じょう乱試験及びフルスケールオーバ特性試験で規定されている性能（不要動作しない）を満足する整定値で，これらの試験時に発生する周波数変動分以上，定格周波数から離れた周波数整定とする。

2） 周波数変化率リレーの整定値の分母を秒，（s）に統一した。

周波数変化率リレーは，電圧瞬時サンプリング値より算出した周波数検出結果の規定の間隔内（Δt）の周波数変化分から，周波数変化率を算出する方式で，Δt として，3〜6 サイクルが用いられる。アンケート結果の周波数変化率リレーの整定値は，分母に秒，（s）と 0.1 秒，（0.1 s）のものがあった。0.1 秒，（0.1 s）の周波数変化率リレーは，周波数変化率を求めるに当たり，0.1 秒，（0.1 s）時間差の周波数変化分を使用するという意味合いをもたせたものである。周波数変化率としては，分子を 10 倍して，分母に秒，（s）を用いたものと同じである。そこで，この読み替えを実施して，整定値の分母を秒，（s）に統一することとした。

3） 低電圧ロック要素の整定値

アンケート結果から，低電圧ロック要素の整定値として，10，11，35，40，50，60，70 V の固定整定値があった。低電圧ロック要素は，電圧入力が小さくなったときに，周波数リレーの誤差が大きくなり不要動作することを防止するためである。ディジタルリレーに 16 ビット A/D 変換器が使用されアナログ入力回路の精度が向上されてきており，従来の標準的な 40 V の低電圧ロック整定より，低い整定値の選択は可能である。一方，電力系統が脱調したときに，過渡的に周波数低下と電圧低下する現象が発生することがある。この対策としても，低電圧ロック要素が使用されており，10，11 V の整定値では小さすぎて不要動作を防止できないため，標準整定値より外すこととした。

4） 動作値，動作時間性能によるクラス分けについて

ディジタル形周波数リレーの製造業者へのアンケート結果から，用途に応じて動作値が±0.02 Hz 以内で動作時間が 100 ms 以下のものと，動作値が±0.10 Hz 以内で動作時間が 150 ms 以下のものとに大別されるため，前者を A 級，後者を B 級として，性能別に記載することとした。

なお，電力会社への周波数リレーの使用実態のアンケート結果を踏まえ，整定範囲と整定ステップ（0.1 Hz）は，A 級・B 級で同一とした。

C.2 下限動作保証周波数，上限動作保証周波数について

周波数リレーは，電力系統で周波数が異常となっている場合，確実に動作継続する必要がある。

ここでは，定格電圧で周波数リレーが正規に応動する周波数範囲を指定する。

周波数リレー要素と低電圧ロック要素は要素間で協調を図らなければならない。両要素を組み合わせて試験を実施した場合に，動作保証周波数範囲では，定格電圧入力で低電圧ロック要素は動作してはならない。周波数リレー要素と低電圧ロック要素の関係を**附属書 F.2** で説明する。

附属書 D

(参考)

動作値，復帰値試験について

D.1 動作値，復帰値試験における判定基準

（一社）日本電機工業会継電器技術専門委員会電力用リレーＷＧ参加のリレー製造業者へのアンケート結果から，動作値と復帰値試験における判定基準で，誤差を単位の Hz で管理する製造業者と，単位の％で管理する製造業者があった。

保護リレーの標準規格では，単位の％で誤差管理されているものが主流である。

しかし，電力系統に接続される発電機の周波数耐量は単位 Hz で管理されており，電力系統全体の機器にかかわる周波数は，単位 Hz で管理することが適切であると考えられる。

また，海外製の周波数リレーでは，標準として，誤差の単位に Hz が使われている。**IEC** で規格化されている Synchrophasor でも誤差の単位に Hz が使われている。

そこで，周波数リレーの動作値と復帰値試験における判定基準の単位を Hz に統一することとした。同様に，ひずみ波特性，温度特性及び制御電源電圧特性の動作試験での判定基準も単位を Hz に統一することとした。

周波数リレーの判定基準の単位を Hz に統一することで，定格周波数の 50 Hz，60 Hz によらず，同一の誤差管理が可能となる。

D.2 周波数リレーの試験時の交流入力周波数について

ディジタル形周波数リレーでは，動作値を測定するに当たって，交流入力の周波数を基本波周波数からずらして実施するため，自ずと交流入力周波数とディジタルリレーのサンプリング周波数は，ずれた状態（位相が時々刻々変わる状態）で試験が実施されていることになる。この動作値試験で大きな誤差を生じないことが確認できたならば，特定の位相で大きな誤差をもつことはないといえるため，ディジタル形周波数リレーでは，交流入力周波数とディジタルリレーのサンプリング周波数との関係を意識した（ずれを強制的にもたせた）試験は不要と考える。例えば，基本波と高調波を加える事故時ひずみ波試験で，基本波は，正確に定格周波数として，サンプリング周波数と同期していてもよいものとする。特にこのひずみ波試験では基本波入力周波数と整定値との差を最小の 0.5 Hz 程度として厳しい試験条件で実施するもので，基本波入力は正確に定格周波数でないと，試験結果に影響を与える可能性がある。

附属書 E
(参考)

動作時間・復帰時間特性試験について

E.1 周波数リレーの動作時間と復帰時間の測定方法について

図 E.1 に周波数リレーの動作時間測定方法を示す。電圧入力の周波数を規定の変化率で変化させる周波数掃引による測定方法と，周波数を規定の値から規定の値に急変する測定方法が実施されている。電力系統の周波数は急しゅんに変化することはないことから，周波数掃引による測定方法が基本であり，形式試験は周波数掃引による性能確認を実施することとする。なお，ルーチン試験での周波数掃引の特殊試験器の準備を不要とするため，周波数急変での試験を形式試験に追加実施することで，ルーチン試験は周波数急変での試験でもよいこととした。

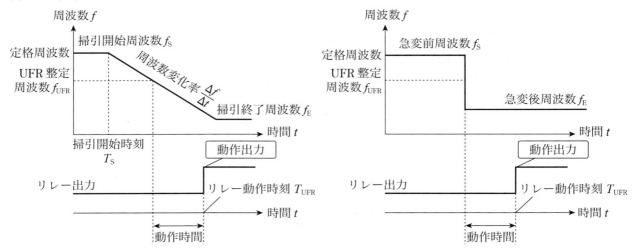

a) 周波数掃引による動作時間特性試験　　　　b) 周波数急変による動作時間特性試験

図 E.1—周波数リレーの動作時間測定方法

E.2 周波数変化率リレーの動作時間の測定方法について

図 E.2 に周波数変化率リレーの動作時間測定方法を示す。電圧入力の周波数を規定の変化率で変化させる周波数掃引により実施する。動作時間の測定箇所を図中に示す。

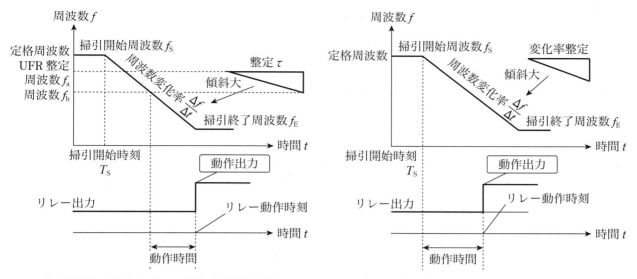

a) 周波数変化率方式Ⅰの動作時間特性試験　　　b) 周波数変化率方式Ⅱの動作時間特性試験

図 E.2—周波数変化率リレーの動作時間測定方法

E.3 周波数変化率の動作時間特性への影響について

緩やかな周波数変化率で動作時間特性の試験を実施した場合，動作値誤差の影響により，動作時間特性に大きな変動を与える。

動作時間測定を周波数掃引で実施する場合，周波数の変化率を規定する必要がある。周波数変化率による，動作時間特性への影響を検討する。周波数変化率による，1サイクルの周波数の変化分は，表 E.1 のようになる。

表 E.1—周波数変化率と 1 サイクルの周波数変化分

周波数変化率	0.5 Hz/s	1.0 Hz/s	2.0 Hz/s	3.0 Hz/s	5.0 Hz/s
1サイクルの周波数変化分（50 Hz の場合）	0.01 Hz	0.02 Hz	0.04 Hz	0.06 Hz	0.1 Hz

周波数リレーは動作値誤差をもち，A級で±0.02 Hz 以内である。

周波数変化率を 0.5 Hz/s で試験を実施した場合，

$$\frac{\pm 0.02\,\mathrm{Hz}}{0.01\,\mathrm{Hz}} = \pm 2\,\text{サイクル間}$$

つまり最大 4 サイクル間，動作値変動範囲にあることになる。これにより，動作時間は，最大 20 ms × 4 サイクル = ±40 ms 変動する。図 E.3 に，動作値変動範囲と周波数変化率の関係を示す。

周波数変化率を 3.0 Hz/s で試験を実施した場合，

$$\frac{\pm 0.02\,\mathrm{Hz}}{0.06\,\mathrm{Hz}} = \pm 0.333\,\text{サイクル間}$$

つまり最大 0.67 サイクル間，動作値変動範囲にあることになる。これにより，動作時間は，最大 20 ms × 0.67 サイクル = ±6.7 ms 変動する。

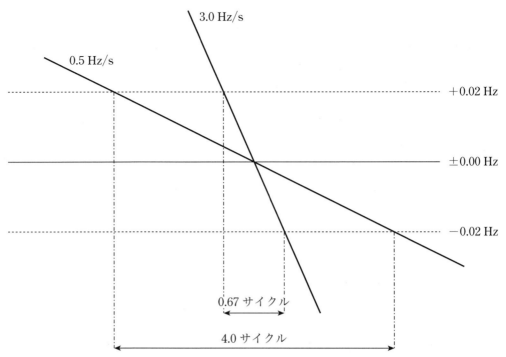

図 E.3 — 動作値変動範囲と周波数変化率の関係

　周波数リレーの特性は，周波数検出回路と，動作・復帰カウンタ等で構成され，動作時間と復帰時間は50〜100 ms 程度が実現されている。動作時間のルーチン試験では，動作値誤差の影響を小さくするため，周波数変化率がある程度大きな周波数変化率 3.0 Hz/s で試験を実施することとした。

　なお，形式試験では，系統周波数の変化率が 0.5〜5.0 Hz/s の場合の動作時間及び復帰時間特性を確認し，製造業者が明示する値を満足することを確認することとした。

E.4　動作時間・復帰時間の判定基準の時間範囲での管理

　系統じょう乱時の周波数リレーの不要動作対策として，動作復帰確認タイマ等が用いられる。その機能が規定されている性能を満足していることを確認するため，動作時間と復帰時間は時間範囲で管理することとした。

　周波数リレーの動作復帰確認タイマの実施例を図 E.4 に示す。この例では，入力波形の1周期データを用い，1/2 サイクルごとに動作判定するとともに，4 サイクル（7回）動作側と判定したときにリレー出力する構成としている。

　複数回の動作判定する理由は，系統操作や系統事故により入力電圧の位相急変が発生すると，アナログ入力回路のフィルタの影響により 2〜3 サイクルの間，データが異常となることによる。この位相急変による異常データで誤動作しないよう，4 サイクル（7回）程度の判定とする必要がある。

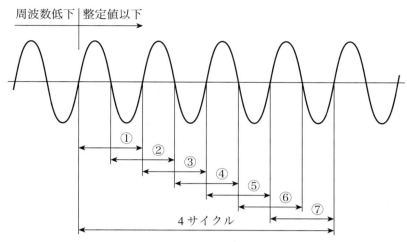

図 E.4 — 周波数リレーの動作復帰確認タイマの実施例

図 E.4 より，リレーの仕上り動作時間は次のようになる。

$$4\,サイクル + \underset{ばらつき}{1/2\,サイクル} + \underset{演算時間（≒5\,ms）}{\alpha}$$

50 Hz（1 サイクル = 20 ms）：85〜90 ms < 100 ms
60 Hz（1 サイクル = 16.7 ms）：72〜80 ms < 85 ms

E.5 リレー試験器の周波数掃引波形

リレー試験器の周波数掃引波形を調査したところ，周波数を 1 ms ごとと 5 ms ごとに変化させる方式のものがあった。図 E.5 に周波数掃引波形例を示す。これは電力系統で発生する連続的な周波数変化とは異なるが，周波数掃引の試験条件（0.5〜5.0 Hz/s）の範囲では，正弦波形での相違はほとんどなく，理想波形と同等での試験が実施できると考えられる。

理想の掃引波形（5 Hz/s）

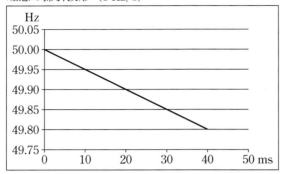 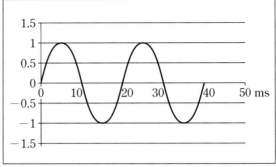

RX4717/8 による掃引波形（5 ms ごとに周波数が変化）

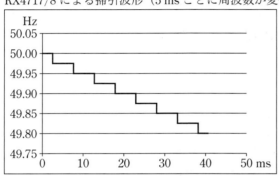 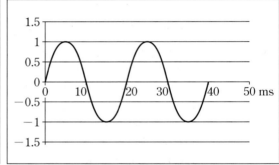

RX4744 による掃引波形（1 ms ごとに周波数が変化）

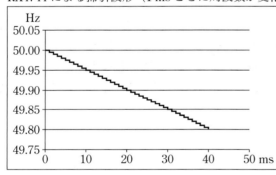 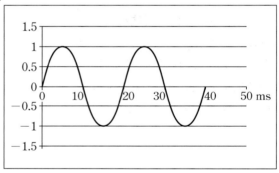

図 E.5 — リレー試験器の周波数掃引波形例

附属書 F
(参考)
周波数リレーと低電圧ロック要素の協調

F.1 低電圧ロック要素の動作時間・復帰時間の試験条件

周波数リレーと低電圧ロック要素の協調を確認するため，JEC-2511：1995（電圧継電器）の不足電圧リレーの動作時間・復帰時間特性試験と異なる条件で実施することとした。表 F.1 に動作時間・復帰時間の試験条件を示す。

表 F.1—動作時間・復帰時間の試験条件

試験	JEC-2511：1995 （電圧継電器）	JEC-2519：2016 （ディジタル形周波数リレー）	説明
動作時間特性	定格電圧 → 整定値 × 70 %	定格電圧 → 整定値 × 90 %	低電圧ロック動作が遅れる方向
復帰時間特性	整定値 × 70 % → 定格電圧	零 → 定格電圧	電圧変化が最大となる条件

F.2 低電圧ロック要素の周波数特性

1) 交流入力回路に，ひずみ波対策用のアナログフィルタとディジタルフィルタが設けられており，定格周波数から離れた周波数領域では，交流入力の大きさを減衰させる特性をもたせている。このフィルタ出力に対して，一定の大きさで動作する低電圧ロック要素を設けると，定格周波数から離れた周波数領域では，フィルタ特性により電圧が減衰するため，定格電圧を印加しても，低電圧ロック要素が動作したままとなり，周波数リレー最終段出力が復帰することが考えられる。図 F.1 に，低電圧ロック要素の周波数特性と周波数リレーの応動例を示す。このため，低電圧ロック要素の周波数特性は，周波数リレーと協調を図るため，考慮するべき事項である。

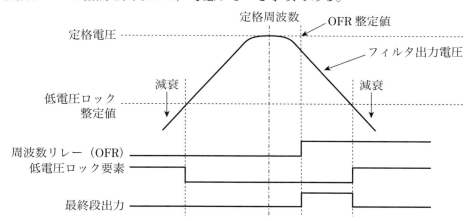

図 F.1—低電圧ロック要素の周波数特性と周波数リレーの応動例

2) ディジタル形周波数リレーでは，一般的に A/D 変換のサンプリングを固定周波数で実施している。周波数が定格周波数より離れた場合に，低電圧ロック要素の振幅演算に誤差を生じる。周波数リレーの低電圧ロック要素は，より広い周波数範囲で使用されるため，この振幅誤差も大きくなる。周波数リレーとの協調を図るため，考慮する必要事項である。図 F.2 に，振幅 2 乗法の周波数特性の例を示す。入力電圧波形を $x(t) = \sin(\omega t)$，サンプリング周期を $T = \pi/(6\omega_0)$ とすると，振幅 2 乗法の周波数特

性は，
$$X^2 = x(t)^2 + x(t-3T)^2 = 1 - \cos(3\omega T) \times \cos(2\omega t - 3\omega T)$$
$$X = \sqrt{1 - \cos(3\omega T) \times \cos(2\omega t - 3\omega T)}$$
となる。

ここで，右辺の $\cos(3\omega T)$ の値は，ω と T の関数となるので，周波数 ω とサンプリング周期 T で値が決まる。

右辺の $\cos(2\omega t - 3\omega T)$ は時間 t の関数となるので，-1〜1 の値を取る。

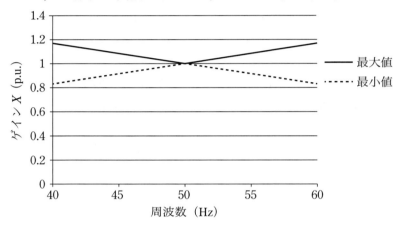

図 F.2—振幅2乗法の周波数特性例

附属書 G

（参考）

ひずみ波特性試験について

G.1 常時ひずみ波試験

ディジタル形周波数リレーは，常時負荷状態の電圧入力により周波数演算が行われており，この状態での精度保証が必要である。高調波としては常時系統で発生する第3，5，7調波により試験を実施することとした。高調波次数の選定理由は，高調波抑制対策ガイドラインから，各次高調波ひずみ率の実測値から，抑制目標レベルが高圧系統の例では$3f$：3.0 ％，$5f$：4.0 ％，$7f$：3.0 ％，11，$13f$：2.0 ％，17，$19f$：1.5 ％，23〜$39f$：1.0 ％と決められている。高調波の次数が高くなるほど，ひずみ率が小さくなる。またディジタル形周波数リレーには入力段に高調波減衰特性のフィルタが設けられており，次数が高いほど，高調波の減衰特性が期待できるため，第3，5，7調波だけ性能評価をすれば，常時ひずみ波での特性を評価できる。

JEC-2516：2000（距離継電器）に規定の常時ひずみ波試験条件は，平成2年6月発行の電協研報告第46巻第2号「電力系統における高調波とその対策」の実態調査結果及び同資料の将来予測結果により電圧ひずみ率を5％としている。

ディジタル形周波数リレーは高圧配電系統まで適用されており，常時ひずみ波試験での電圧ひずみ率を，**JEC-2516**：2000（距離継電器）に合わせて，5％にすることとした。

G.2 事故時ひずみ波試験

事故時に過渡的に発生するひずみ波で，周波数リレーが不要動作しないことを確認することとした。基本波は定格周波数（周波数変化がない状態）として，重畳する高調波も，定格周波数の第3，5，7調波とした。電圧ひずみ率については，周波数リレーに，低電圧ロック要素が附属していることから，**JEC-2511**：1995（電圧継電器）の不足電圧リレーのひずみ波特性試験条件に合わせて，含有率を90％とした。電圧低下率によりひずみ率の最大値が決まるが，周波数リレーには低電圧ロック要素があり，低電圧ロック要素が動作しない範囲のひずみ波含有率で，周波数リレーが動作しないことを確認する試験を実施することでよいこととした。

事故時ひずみ波試験は，低電圧ロック要素が動作しない条件で実施するため，基本波電圧を定格電圧で実施することを原則とした。しかし線間電圧入力の周波数リレーの場合，基本波が110 Vで，高調波を90 ％重畳すると，波高値は$110\,\text{V} \times 1.9 \times \sqrt{2}$となる。この電圧値でフルスケールオーバする場合は，ひずみ波試験でフルスケールオーバの影響を受けないようにするため，基本波電圧を110 Vから低減して実施することを記載した。

また，常に遅延タイマと組合せ使用されるリレーは，タイマと組合せて試験を実施してもよいこととした。

G.3 高調波の重ね合わせ

基本波電圧に高調波電圧を重ね合わせる方法として同期と非同期がある。ひずみ波電圧特性では広い範囲の電圧波形を対象とするので，重ね合わせ位相は0〜360°すべての範囲で考える必要がある。

したがって，ひずみ波電圧特性の試験は0〜360°の範囲を連続的に重ね合わせてできる非同期方式で行

うことを原則とした。

　非同期方式の場合の滑りの速さは，リレーの動作・復帰時間が十分確認できる程度とする必要があり，そのためリレーの動作時間及び復帰時間に相当する時間内での滑り角度が一定値以下となるよう管理する必要がある。

　具体的には，動作時間と復帰時間の長いほうの時間内での滑りが10°以下となる速さで滑らせること，さらに重ね合わせ0〜360°位相をカバーするために電圧印加時間は1滑り以上滑るまでの時間とすることが望ましい。

　B級では最大動作時間が150 msから，高調波の周波数は滑り時間 ≧ 360°/10° × 150 ms ＝ 5 400 msから，0.1〜0.2 Hz程度のずれをもたせて実施することが推奨される。

附属書 H

(参考)

系統じょう乱試験について

2相短絡事故では，周波数リレーに取り込む線間電圧の位相が，最大±30°急変する。(**附属書 J** を参照) これを考慮して，系統じょう乱試験は次の条件とした。

1) 電圧急変：定格電圧 $\rightleftarrows$ 低電圧ロック要素整定

$$\times 110, \ 90, \ 0\% に急変$$

2) 位相急変：定格電圧で，位相を±30°に急変

3) 電圧位相同時急変：定格電圧 $\rightleftarrows$ 低電圧ロック要素整定

$$\times 110, \ 90, \ 0\%$$

位相を±30°に急変

34
JEC-2519：2016

附属書I

（参考）

フルスケールオーバ試験について

I.1 フルスケールオーバ試験の必要性について

　直接接地系，抵抗接地系に設置されるディジタルリレーでは，系統で発生する最大電圧にマージンをみてフルスケールを設定することが一般的であり，これを超える電圧入力を考慮しないでもよいと考えられる。次に抵抗接地系のフルスケール及び LSB（Least Significant Bit）の重みの計算例を示す。

　最大電圧 ＝（定格値）×（最高許容電圧 p.u. 値）×（一線地絡事故時の電圧上昇）×（裕度）

$$\text{LSB の重み} = \frac{\text{最大電圧}}{\text{A/D 変換分解能（16 ビットの場合：} 2^{16-1} = 32768 \text{ ディジット）}} \fallingdotseq （\text{数値を丸める}）$$

　フルスケール（FS）＝ LSB の重み ×（A/D 変換分解能（$2^{16-1} = 32\,768$ ディジット））

　（例：最高許容電圧 p.u. 値：1.09，一線地絡事故時の電圧上昇：$\sqrt{3}$，裕度：フェランチ効果など考慮）

　例：（a）最大電圧 $= \dfrac{110 \text{ V}}{\sqrt{3}} \times 1.09 \times \sqrt{3} \times 1.15 = 137.8 \text{ V}$

　　　（b）LSB の重み $= \dfrac{137.8 \text{ V}}{32\,768} = 4.2 \text{ mV} \fallingdotseq 5 \text{ mV}$

　　　（c）FS $= 5 \text{ mV} \times 32\,768 = 163.84 \text{ V}$

　しかし，非接地系の高圧配電系統や，消弧リアクトル接地系統（ペテルゼンコイル接地系統）では，上記のフルスケールを超える異常電圧が発生することが知られている。

　a 相一線地絡事故時の健全相（進み相）対地電圧の大きさ V_c は，対称座標法を用いて次のように求められる。

$$V_c = \left| \frac{(a-1)Z_0 + (a-a^2)Z_2}{Z_0 + Z_1 + Z_2} \right| \times E_a$$

　ここに，E_a：事故発生直前の地絡事故点の対地電圧

　　$Z_0,\ Z_1,\ Z_2$：事故点から系統側をみた零相，正相，逆相インピーダンス

$$Z_0 = R_0 + jX_0,\ Z_1 = R_1 + jX_1,\ Z_2 = R_2 + jX_2$$

$$a : 1 \angle \frac{2\pi}{3} = -\frac{1}{2} + j\frac{\sqrt{3}}{2} （\text{ベクトルオペレータ}）$$

　正相および逆相インピーダンスの抵抗分は，リアクタンス分と比べて小さいので省略し，また事故発生直後は，$Z_1 \fallingdotseq Z_2$ の関係が成り立つので，

$$Z_0 = R_0 + jX_0,\ Z_1 = Z_2 \fallingdotseq jX_1$$

を代入すると，健全相対地電圧 V_c の上昇率は次式より求まる。

$$\left| \frac{V_c}{E_a} \right| = \left| \frac{\left(-\dfrac{3}{2} + j\dfrac{\sqrt{3}}{2}\right)\left(\dfrac{R_0}{X_1} + j\dfrac{X_0}{X_1}\right) - \sqrt{3}}{\dfrac{R_0}{X_1} + j\left(2 + \dfrac{X_0}{X_1}\right)} \right|$$

　図I.1 に高圧配電系統における一線地絡事故時の健全相対地電圧 V_c（進み相）上昇例を示す。

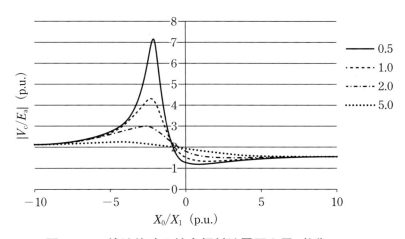

図 I.1—一線地絡時の健全相対地電圧上昇（例）

電力系統での異常電圧をケーブル耐量から考えると「電気設備技術基準・解釈」の電路の絶縁抵抗及び絶縁耐力から最大使用電圧 7 000 V 以下の電路では，最大使用電圧の 1.5 倍の電圧に 10 分間加えて耐えることの規定である。高圧系統 6 600 V の最高使用電圧は 6 900 V で，その 1.5 倍は 6 900 V × 1.5 = 10 350 V で，VT 二次に換算すると，10 350 V × (110 V/6 600 V) = 172.5 V となる。

同様に他の電圧クラスについて計算を実施すると，
・電圧クラス 7 000～60 000 V，倍率 1.25 倍，VT 二次換算値 143.75 V
・電圧クラス 60 000～170 000 V，1.1 倍，126.5 V
・電圧クラス 170 000 V 以上，0.72 倍，82.8 V

JEC-2502 ディジタル演算形保護継電器の A/D 変換部に記載の標準的なフルスケール例 163.84 V を適用した場合，

高圧系統 6 600 V で，異常電圧 172.5 V は，

$$\frac{172.5 \text{ V}}{163.84 \text{ V}} = 105.3 \%$$

となる。

この場合，マージンをみて 110 ％電圧入力でのフルスケールオーバ試験を実施すればよいと考えられる。

I.2 ディジタル形周波数リレーへの影響と試験方法について

フルスケール値を超えた入力が印加された場合には，A/D 変換後の波形が，フルスケールを超えた部分はフルスケール値（FS）で止まった波形となる。**図 I.2** にフルスケールオーバ時の波形を示す。ディジタル形周波数リレーは，サンプリングデータを用いて周波数演算を行っている。この波形ひずみが，周波数演算の誤差となる。

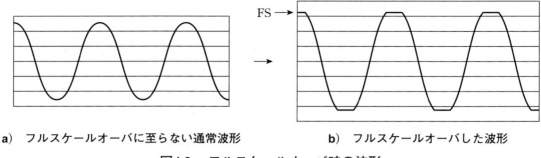

a) フルスケールオーバに至らない通常波形　　　b) フルスケールオーバした波形

図I.2—フルスケールオーバ時の波形

そこで，定格周波数のフルスケール値×110％の電圧入力を印加して，周波数リレーが誤動作しないことを確認するフルスケールオーバ試験を実施することとした。

周波数値をリレーが動作する周波数までずらし，フルスケール値×110％の電圧入力を印加して，周波数リレーが誤復帰しないことを確認する製造業者があった。しかし，高圧配電系統や，PC接地系の系統で，異常電圧が発生するときに，一般的には周波数異常は伴わない。そのため，前述の定格周波数でのフルスケール試験とした。

相電圧入力で，A/D変換後にソフトで線間電圧合成されて，周波数演算を行う周波数リレーでのフルスケールオーバ試験については，次の事項を考慮して，1相の相電圧回路にフルスケール×110％の入力を印加して試験を行うこととした。

・図I.2に示すフルスケールオーバ時の波形で影響を評価する。
・系統上考えられる1相の相電圧入力のフルスケールオーバで評価する。

附属書 J
(参考)
電力系統の種々の現象と周波数リレーの応動

周波数リレーは，リレー設置点の電圧瞬時値波形から周波数を検出する。電力系統に連系される発電機と負荷が平衡した安定状態にある場合は，すべての発電機の誘導起電力の周波数が等しく一定に維持されており，リレー設置点の電圧もそれと同じ周波数の正弦波交流波形であるため，正しく周波数を検出することができる。

しかし，短絡や地絡事故の発生・除去，系統構成の変更，発電機の並列・解列などに伴うリレー設置点電圧レベルや位相の急変，発電機の位相角動揺や脱調が生じると，周波数リレーは一時的に実際の周波数とは異なる異常な周波数の上昇や低下，あるいは急峻な周波数変化を検出する場合があるので，不要に動作しないように対策を講じる。

J.1 電圧レベル急変，電圧位相急変，電圧レベルと位相の同時急変時
a) 系統事象
1) 電圧レベル急変時

電圧調整タップ上げ下げ，電力用コンデンサや分路リアクトルなど調相設備の開閉，系統構成の変更，3相短絡事故などに起因する電圧レベル急変に対して，周波数検出値に過渡的な誤差を生じる。

2) 電圧位相急変時

電力系統において，送電線の再閉路，系統の並列・解列，併用操作等に伴いリレー設置点の電圧位相が急変すると，周波数検出値に過渡的な誤差が生じる。図 J.1 は，非電源端に設置された周波数リレーの再閉路による影響例である。再閉路して送電線を2回線併用すると，負荷端の電圧位相が急に進み，周期が T から T' に短くなるので，高い周波数を検出する。

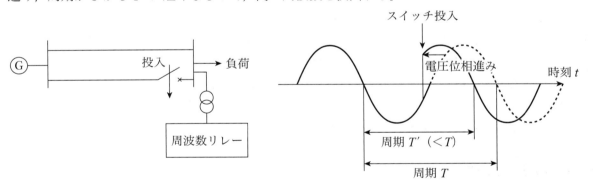

図 J.1—電圧位相急変の系統事象例（再閉路により送電線を併用した場合）

3) 電圧レベルと位相の同時急変時（不平衡系統事故等）

不平衡系統事故（地絡，短絡），送電線断線事故による欠相等に伴う電圧レベルと位相の同時急変により，周波数検出値に過渡的な誤差を生じる。図 J.2 に2相短絡事故時の周波数検出値の変動例を示す。

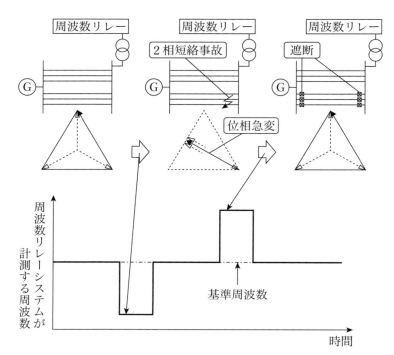

図 J.2－2 相短絡事故時の周波数検出値の変動例

b) **対策**

ディジタル形周波数リレーでは，半サイクルから1サイクル程度の期間の電圧瞬時値データを用いて周波数を検出するので，単発的な電圧レベル，位相の急変が発生すると，その期間は影響が継続する。

1) 複数周期の平均周波数で動作判定：動作判定に複数周期の平均周波数を使用することにより，過渡的な周波数測定値の変動の影響を抑制する。
2) 動作復帰確認タイマの挿入：動作判定，復帰判定に確認用タイマを設け，動作値を超える周波数が一定時間連続して検出された場合にリレー動作，復帰値を超える周波数が一定時間連続して検出された場合にリレー復帰とする。
3) 低電圧ロック要素の付加：系統事故に伴う位相角急変対策として，電圧低下を検出したら，一時的に周波数リレーの動作出力をロックする。低電圧ロック要素は系統事故とみなす低電圧レベルに至った場合は周波数リレーよりも先に動作し，系統事故が除去され平常時電圧に復帰した場合も，周波数リレーが事故の影響を受ける間は動作したままでロックを維持しなければならないので，両者の協調を図った適切な整定値とする必要がある。

J.2 電力系統での脱調発生時

平常時の電力系統では，連系される全発電機の角周波数は等しく，同期を保ち運転されている。しかし，短絡事故や地絡事故等じょう乱が発生すると，各発電機は入出力バランスが崩れて加速あるいは減速し発電機間で角周波数差が生じるので，新たな平衡状態に落ち着くまでの間，過渡的に電力動揺が発生し，苛酷な場合には脱調に至る。周波数リレーは，発電機端から負荷端まで様々な箇所の電圧から周波数を検出するので，一般的には，各発電機の角周波数が時間的に変化していることを前提にしなければならないが，高々半サイクルから1サイクル程度のごく短時間の電圧瞬時値データを用いて周波数を検出するため，その間は各発電機の角周波数は一定とする。

図 **J.3** は，電源電圧が等しいA系統及びB系統を連系した系統において，各部の周波数リレーのみる周

波数の時間的変化を示す。A系統の角周波数を ω_0 (rad/s),B系統の角周波数を $\omega_0 + \omega_d$ (rad/s) 一定とすると,A系統を基準にすると,B系統の位相は毎秒 ω_d (rad) ずつ進み脱調する。連系送電線のリアクタンスは1 p.u. で,系統の電気的中心点 ($x = 0.5$ p.u.) を境にして,A系統側では過渡的に周波数低下を,B系統側では過渡的に周波数上昇を検出し,その低下・上昇のピークは電気的中心に近いほど大きくなる。また,周波数のピーク値が生じるのは両端電源の位相差 $\phi = \pi$ (rad) となるときであり,周波数リレー設置点の電圧は最小となる。

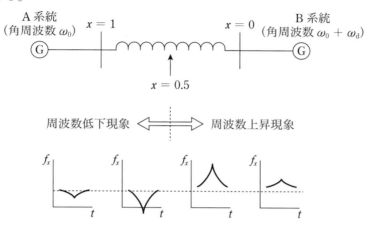

図 J.3—脱調時の系統周波数の応動

図 J.4 に,周波数 $f_0 = 49$ Hz ($\omega_0 = 98\pi$ (rad/s)),周波数 $f_d = -1$ Hz ($\omega_d = -2\pi$ (rad/s)) のときの,電気的中心からやや左側の $x = 0.6$ における周波数と電圧の変化を示す。

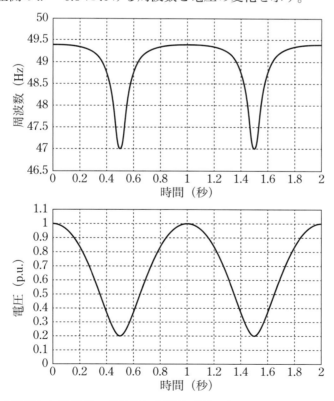

図 J.4—脱調時の周波数,電圧の時間的変化 (f_0 = 49 Hz, f_d = –1 Hz, x = 0.6)

ここで,脱調時に周波数リレーのみる周波数が図 J.3 となることを解析的に説明する。

A系統の電源電圧を基準位相に取って $E_A = 1.0$,B系統の電源電圧を $E_B = 1.0e^{j\omega_d t}$ とすると,位置 x の電

圧 V_x は，式(1)で表される。右辺第1項は，位置 x に比例して大きさだけが変化し，位相は E_A（基準位相）と常に同相の位相固定電圧ベクトルである。右辺第2項は，大きさは $1-x$ で，位相は E_B と同じく基準位相を起点に角周波数 ω_d (rad/s) で反時計回りに回転する角周波数一定電圧ベクトルである。図 **J.5**（**a**）に，式(1)に基づく代表点の電圧 V_x の時間的変化の様子を示す。

$$V_x = xE_A + (1-x)E_B = x + (1-x)e^{j\omega_d t} = x + (1-x)e^{j\phi} \quad \cdots\cdots(1)$$

式(1)より，位置 x の電圧ベクトル V_x の位相角 θ は，次式となる。

$$\theta = \arg V_x = \tan^{-1}\frac{B}{A} = \tan^{-1}\frac{(1-x)\sin\phi}{x+(1-x)\cos\phi} \quad \cdots\cdots(2)$$

$$\therefore \frac{d\theta}{d\phi} = \frac{(\cos\phi-1)x^2+(2-\cos\phi)x-1}{(2\cos\phi-2)x^2+(2-2\cos\phi)x-1} \quad \cdots\cdots(3)$$

ここで，

$$\frac{d\theta}{d\phi} = \frac{d\theta/dt}{d\phi/dt} = \frac{1}{\omega_d}\times\frac{d\theta}{dt}, \quad \theta_x = \omega_0 t + \theta \quad \cdots\cdots(4)$$

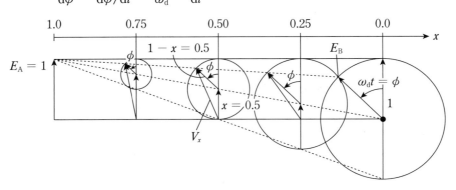

a）位相固定ベクトル＋角周波数一定ベクトル表現

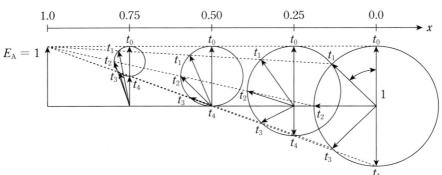

b）電圧ベクトル全体の時間的変化の様子

図 J.5—脱調時における各位置の電圧ベクトルの時間的変化

図 **J.5**(b)は，その4地点の電圧ベクトル V_x 全体が時刻 t_0, $t_1 = t_0 + \Delta t$, $t_2 = t_1 + \Delta t$, $t_3 = t_2 + \Delta t$, $t_4 = t_3 + \Delta t$, … (s) と経過したときの変化の様子を示している。時刻の経過とともに大きさと位相の両方が変化し，また地点によって変化の仕方も多様である。代表点における電圧ベクトル V_x の位相，角周波数の傾向は，次のとおりである。

- $x=0$：基準位相とした A 系統の電源電圧（角周波数 ω_0 (rad/s) で回転）に対し，等角速度 ω_d (rad/s) で回転するので，実際に周波数リレーの入力電圧の角周波数は $\omega_0 + \omega_d$ (rad/s) である。
- $x=0.5$（電気的中心点）：図 **J.5**(b)の電圧ベクトルの部分を抜き出すと，図 **J.6** のように，円弧 $t_0 t_1$ は中心

角が∠t_0Ot_1，円周角が∠$t_0t_4t_1$なので，$\theta_{0.5} = \phi/2 = \omega_d t/2$ (rad) ＝ 一定である。この関係は，どの時刻をとっても変わらないので，実際に周波数リレーの入力電圧の角周波数は$\omega_0 + \omega_d t/2$ (rad/s) である。なお，時刻t_4の前後で電圧ベクトルV_xは$-\pi/2$ (rad) から$+\pi/2$ (rad) に跳躍し，角周波数は$+\infty$になる。

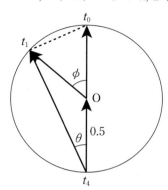

図 J.6―地点 $x = 0.5$ の電圧ベクトル

- $x = 0.75$（A系統側）：図 **J.5**(b)の電圧ベクトルV_xの位相$\theta_{0.75}$は，V_xが円周と左側で接する点まで増大し，それから減少に転じて，円周と右側で接する点まで減少が続く。その後，今度は増大に転じる。V_xの円周が接する点の前後では位相の変化はないので，角周波数 ＝ ω_0 (rad/s) ＝ 一定になる。また，時刻t_4には$\phi = \pi$ (rad) となり，V_xの位相$\theta_{0.75} = 0$ (rad)，その減少率は最大となる。
- $x = 0.25$（B系統側）：図 **J.5**(b)の電圧ベクトルV_xの位相は，常に増大を続け，時刻t_4には$\phi = \pi$ (rad)，V_xの位相$\theta_{0.25} = \pi$ (rad)，その増加率は最大となる。

脱調現象を考える場合，ある地点xの時間tにより大きさと位相が変化する電圧は，一般的には次式で表さなければならない。

$$A(x, t) \times \sin\theta_x = A(x, t) \times \sin\{\omega_0 t + \theta\} \quad \cdots\cdots(5)$$

ただし，$A(x, t)$：電圧ベクトルV_xの振幅，θ：電圧ベクトルV_xの位相

しかし，周波数リレーの場合，動作時間が100〜150 ms以内であるため，演算に使うデータ窓長は高々半サイクルから1サイクル程度である。そこで，この規格においては振幅$A(x, t)$は一定とみなし，周波数f (Hz) は角周波数ω (rad/s) を2π (rad) で除したもので定義している。

したがって，位置xに設置された周波数リレーのみる周波数fは，次式で求めることができる。

$$f = \frac{\omega}{2\pi} = \frac{1}{2\pi} \times \frac{d\theta_x}{dt} = \frac{1}{2\pi} \times \frac{d}{dt}(\omega_0 t + \theta) = f_0 + \frac{1}{2\pi} \times \frac{d\theta}{dt} = f_0 + \frac{\omega_d}{2\pi} \times \frac{d\theta}{d\phi} \cdots\cdots(6)$$

式(3)を用いれば，

$$f = f_0 + \frac{\omega_d}{2\pi} \times \frac{(\cos\phi - 1)x^2 + (2 - \cos\phi)x - 1}{(2\cos\phi - 2)x^2 + (2 - 2\cos\phi)x - 1} \quad \cdots\cdots(7)$$

式(3)において，xをパラメータ（$x = 0.25, 0.4, 0.5, 0.6, 0.75$）として，$(d\theta/d\phi) - \phi$特性を描いたのが，図 **J.7**である。$d\theta/d\phi$は，脱調しているB系統の電源電圧の位相角変化$d\phi$に周波数リレー設置点$x$の電圧の位相角変化$d\theta$の増幅率である。$x = 0.4$ p.u.の地点では上昇側ピーク値で3倍，$x = 0.6$ p.u.の地点では低下側ピーク値で2倍，電気的中心点（$x = 0.5$）では，$d\theta/d\phi = 0.5$倍＝一定である。図 **J.4**の条件である$\omega_0 = 98\pi$ (rad/s) ($f_0 = 49$ Hz)，$\omega_d = -2\pi$ (rad/s) ($f_d = -1$ Hz)，$x = 0.6$ p.u.を式(5)に適用すると，最小49 Hz$-$1 Hz$\times$2倍＝49 Hz$-$2 Hz＝47 Hzまで低下する。

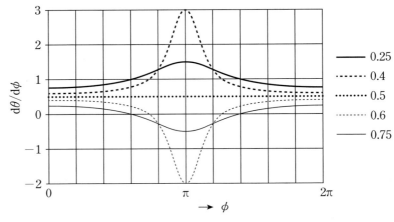

図 J.7 ― (dθ/dϕ) − ϕ 特性

附属書 K

(参考)

周波数リレーシステム方式と周波数リレーと周波数変化率リレーの構成

K.1 周波数リレーシステム方式

日本国内において，分散制御方式の周波数リレーシステム方式に，表 **K.1** に示す不足周波数 / 過周波数リレー方式と周波数変化率リレー方式が適用されている。

表 K.1—分散制御方式の周波数リレーシステム方式

周波数リレーシステム方式		方式概要		特徴
分散制御方式	不足周波数 / 過周波数リレー方式	周波数 f ／ 時間 t ／ UFR1 UFR2 UFR3 UFR4 ／ 周波数 f タイマ 時間 t ／ UFR1 UFR2 UFR3 タイマ	・実際の周波数変動を不足周波数 / 過周波数リレーで検出して制御 ・制御量は周波数変動量と動作時限の数段〜数十段階にグループ化して調整	・リレー設置点の周波数を検出して制御するため，確実性が高い ・系統の随所に分散設置して自律的に制御が行えるため，システム構成が簡潔 ・単独系統などのきわめて速い周波数変化には追従できない場合がある
	周波数変化率リレー方式	周波数 f $\mathrm{d}f/\mathrm{d}t1$ 時間 t ／ $\mathrm{d}f/\mathrm{d}t2$ ／ $\mathrm{d}f/\mathrm{d}t3$	・実際の周波数変動を $\mathrm{d}f/\mathrm{d}t$ リレーで検出して制御 ・制御量は周波数変化率の大きさに応じて数段階にグループ化して調整	・ある程度速い周波数変化にも対応可能 ・遅い周波数の変化には不足周波数リレーや過周波数リレーで，速い周波数変化には周波数変化率リレーで対処する組合せが一般的

K.2 周波数リレーと周波数変化率リレーの構成

周波数リレー方式は，整定値を変えた複数の周波数リレーとタイマを組合せて構成されている。

周波数変化率リレー方式には，周波数変化率を検出する二つの構成例がある。

一方は整定値を変えた二つの周波数リレーとタイマを組み合わせたもので，図 **K.1** に構成例と応動を示す。タイマ時限以内に，両方の周波数リレーが動作したことを検出して，周波数変化率が大きいと判断するものである。

もう一方はディジタル周波数の演算処理中で実現するもので，図 **K.2** に演算方式例を示す。逐次計算されている周波数を基に，規定の時間間隔（Δt）離れた周波数の差（Δf）から，周波数変化率：$\mathrm{d}f/\mathrm{d}t$ を求めるものである。

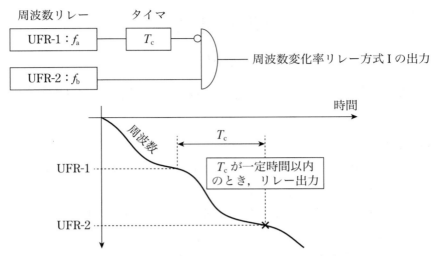

図 K.1—周波数変化率リレー方式Ⅰの構成例とその応動

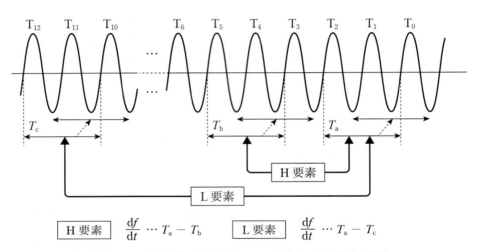

図 K.2—周波数変化率リレー方式Ⅱの演算方式例

附属書L
（参考）
周波数リレーシステム方式の総合動作試験について

　周波数変化率リレー方式は，電源脱落率が大きい，すなわち負荷過剰率が大きいほど，周波数の低下速度が速い傾向があることに着目して，周波数低下速度により負荷制限を実施する方式である。しかしながら，周波数低下速度は，負荷の過剰率が同じでも発電機の運転状況などによって変化する。一般に発電機が低出力な夜間は，発電機のはずみ車効果が相対的に大きいため周波数低下速度が小さく，反対に全発電機が最大出力に近い昼間ピーク時間帯は，周波数低下速度が大きくなる傾向がある。そのため，周波数低下速度だけでは，適正な制限量を判定することができず，通常は他の方式と組合せて使用される。**図L.1**に周波数変化率リレーと周波数リレー＋タイマを組合せた場合の概念を示す。

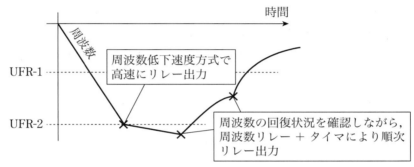

図L.1—周波数変化率リレーと周波数リレー＋タイマ組合せ概念図

　周波数リレーシステム方式の総合動作試験では，この組み合わされた周波数変化率リレーと周波数リレー＋タイマの応動を総合的に検証することが必要である。

1) 周波数変化率と周波数最終値とをパラメータとして，周波数を定格周波数から最終値まで変化させる。それから周波数を周波数最終値で一定時間維持した後，周波数最終値から定格周波数まで変化させる。以上の周波数変化させるなかで，周波数変化率リレー及び周波数リレーの応動を確認する。**図L.2**に総合動作試験での周波数変化例を示す。

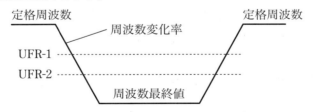

図L.2—総合動作試験での周波数変化例

2) 周波数変化と電圧変化が同時に進む現象を模擬して，電圧の大きさが，周波数リレーの低電圧ロック要素の整定値以下となった場合は，周波数リレー出力がロックされることを確認する。
3) 脱調現象等の急激に周波数が変化する現象を模擬して，周波数リレーシステムの不要動作がないことを確認する。
4) 系統事故時等に発生する過渡的な電圧変化や位相変化により周波数リレーシステムの不要動作がないことを確認する。

JEC-2519：2016

JEC-2519：2016
ディジタル形周波数リレー
解説

この解説は，本体及び附属書に規定・記載した事柄，並びにこれらに関連した事柄を説明するもので，規格の一部ではない。

1 制定・改正の趣旨及び経緯
1.1 制定の趣旨

電力系統の周波数は，発電機と負荷のバランスによって決まり，平常時は，時々刻々と変動する負荷に追従して発電機を調整することにより，ほぼ商用周波数（50 Hz または 60 Hz）に等しい値に維持されている。しかし，送電線事故や大地震等に伴う大量の発電機，負荷の脱落により急激に需給バランスが崩れると，周波数が異常に低下又は上昇し，負荷機器の動作が異常になったり，火力発電所等のタービン発電機が異常振動により次々と停止し電力の安定供給に支障を来すおそれもある。周波数リレーは，これを高速に検出して発電機や負荷を制御し，速やかに正常周波数に復帰させるために用いられ，1960 年ごろから導入され，現在ではディジタル形が主流となっている。また，周波数リレーは分散電源の系統連系リレーの機能の一つでもあり，太陽光発電，風力発電等再生可能エネルギー発電の普及などによって急速に適用拡大している。

このように，周波数リレーは電力の安定供給と品質確保に欠くべからざるものであるが，電力系統の周波数はどの地点も同一であることに着目し，各地点に別個に設置された周波数リレーがその点の電圧から検出した周波数を基に，電力系統全体として協調を図った動作をすることが期待されている。

現在，周波数リレーの規格は国内外共にないため，このようなニーズの急速な増大に対応し，電力機器の保護，電力系統の事故波及防止及び単独運転検出に使用されるディジタル形周波数リレーについて，**IEC**規格との整合性にも配慮しつつ仕様と性能の標準化を図る本規格を制定することとした。

制定のための作業は，保護リレー装置標準化委員会において 2010 年 4 月に制定作業に着手し，慎重審議の結果，2016 年 1 月に成案を得て，2016 年 3 月 23 日に電気規格調査会委員総会の承認を得たものである。

保護リレーの標準規格は 1968 年以来，一般規格と個別規格の両者により構成される体系をとっている。この規格は個別規格であり，周波数リレーに関する事項を規定する。各種の保護リレー全般にわたって共通する事項は一般規格 **JEC-2500**：2010（電力用保護継電器）で規定されており，この規格の各所で引用されている。

2 制定のポイント

今回の **JEC-2519** 制定の主なポイントは，次のとおりである。

a) 性能の向上

ディジタル形はソフトウェアで機能や特性を実現するため，従来の電気機械形及び静止形に比較して性能の向上が容易である。

1) 低電圧ロック要素との協調試験 － 7.6, 7.8

・低電圧ロック要素の動作時間，復帰時間特性の試験は周波数リレー要素との協調を考慮しての試験

条件とした。

- ・低電圧ロック要素の周波数特性試験は，上限・下限動作保証周波数で，性能を確認することとした。
- ・系統じょう乱試験として，系統事故時の電圧の大きさ，位相の変化により，周波数リレーが不要動作しないことの確認試験を追加した。

2) 常時ひずみ波と事故時ひずみ波試験 － **7.7**

常時の電圧波形の小さなひずみで規定されている性能を満足することを確認する常時ひずみ波試験と，事故時の電圧波形の大きなひずみで周波数リレーが不要動作しないことを確認する事故時ひずみ波試験を追加した。

3) フルスケールオーバ試験 － **7.9**

系統上想定される電圧入力のフルスケールオーバで周波数リレーが不要動作しないことを確認するフルスケールオーバ試験を追加した。

b) 機能・性能の明確化

1) 動作保証範囲 － **7.5**

周波数リレー要素と低電圧ロック要素は要素間で協調を図らなければならない。両要素を組合せて試験を実施した場合に，定格電圧で周波数リレーが正規に応動する周波数範囲を指定することとした。

2) 動作値・動作時間性能のクラス分け － **7.3**，**7.4**，**7.7**，**7.10**，**7.11**

ディジタル形周波数リレーの製造業者へのアンケート結果から，動作値が±0.02 Hz 以内で，動作時間が 100 ms 以下のものと，動作値が±0.10 Hz 以内で，動作時間が 150 ms 以下のものとがあり，周波数リレーの性能を規定するため，A 級・B 級に分けて記載することとした。

3) 整定値と動作値性能の単位を Hz に統一 － **5**，**7.3**，**7.7**，**7.10**，**7.11**

電力系統に接続される発電機の周波数耐量は単位 Hz で管理されており，電力系統全体の機器にかかわる周波数は，単位 Hz で管理することが適切であると考えられる。

また，海外製の周波数リレーでは，標準として，誤差の単位に Hz が使われている。**IEC** で規格化されている Synchrophasor でも誤差の単位に Hz が使われている。

そこで，周波数リレーの動作値と復帰値試験における判定基準の単位を Hz に統一することとした。同様に，ひずみ波特性，温度特性及び制御電源電圧特性の動作試験での判定基準も単位を Hz に統一することとした。

4) 動作時間・復帰時間の性能を時間範囲で管理 － **7.4**

系統じょう乱時の周波数リレーの不要動作対策として，動作・復帰確認タイマ等が用いられる。その機能が規定されている性能を満足していることを確認するため，動作時間と復帰時間は時間範囲で管理することとした。

c) 検査・試験の簡素化

ディジタル形のリレーの動作値及び動作時間は，整定条件及び試験条件などの影響を受け難い長所がある。この規格では，この特長を活かして，検査・試験を見直して簡素化及び省略を行った。

1) 動作値・復帰値特性の試験条件の簡素化 － **7.3.2**

- ・ディジタル形では，すべての動作値整定での動作値試験は不要と考えられるため，動作値特性及び復帰値特性は整定範囲の最小，中間，最大の３点に簡素化した。
- ・低電圧の動作値特性は，形式試験時だけ実施することで，性能保証できると考えられるため，ルーチン試験では省略した。
- ・復帰値特性は，定格電圧の復帰値特性試験と低電圧の動作値特性試験で性能保証できるため，低電

圧での復帰値特性試験を省略した。

2) 動作時間・復帰時間特性の試験条件の簡素化 － **7.4.2**

・電力系統での周波数は連続的に変化することに整合して，動作値時間・復帰時間特性の試験は，周波数掃引にて実施することを標準とした。形式試験では，系統周波数の変化率として想定される 0.5 Hz/s～5.0 Hz の範囲内で，動作時間・復帰時間特性を確認することとした。ルーチン試験では，特性が変わっていないことを確認することでよく，3.0 Hz/s の 1 点で実施することとした。

・またルーチン試験では，周波数掃引等の特殊な試験器の設備がなくても，動作時間・復帰時間特性の試験が実施できるよう，周波数急変での試験でもよいこととした。

3) 温度特性の動作時間の試験の省略 － **7.10.2**

ディジタル形では，原理上，周囲温度が変動しても，サンプリング，A/D 変換値への影響が軽微という長所がある。このデータを用いて周波数演算を行うディジタル形周波数リレーでは，温度特性の動作時間の試験を省略した。

4) 制御電源電圧特性の動作時間の試験の省略 － **7.11.2**

ディジタル形では，リレー内部に安定化電源を使用しており，外部の制御電源電圧が変動しても，サンプリング，A/D 変換値が変化することはないため，このデータを用いて周波数演算を行うディジタル形周波数リレーでは，制御電源電圧特性の動作時間の試験を省略した。

d) 用語の追加，定義の見直し

この規格の用語は，**JEC-2500** シリーズや国際規格との整合，用語の意味の使用実態を考慮して新たに必要な用語を追加したものである。また，採用する用語は "電気専門用語集 No.23 保護リレー装置" と整合をとり，同じ定義の用語は定義しない方針としたが，この規格を読み易くするため，一部の用語は重複を許容して定義した。**JEC-2500** シリーズ及び電気専門用語集と異なる意味で使用するために定義した用語，並びにこの規格用に定義した用語について説明する。

1) ディジタル形 － **3.1**

この規格のディジタル形周波数リレーの原理であるディジタル演算形として定義した。

2) 周波数 － **3.6**

この規格のディジタル形周波数リレーが扱う周波数を定義した。

3) 周波数掃引，周波数急変 － **3.7**，**3.8**

周波数リレーの動作時間，復帰時間の試験方法として追加した。

4) 動作保証周波数 － **3.9**

「周波数リレーが定格電圧で正規に動作する周波数範囲」として追加した。

5) 周波数変化率リレー方式 I，周波数変化率リレー方式 II － **3.12**，**3.13**

日本国内で使用されている周波数変化率リレーの 2 方式を定義した。

3 標準会員会名及び名簿

保護リレー装置標準化委員会

委 員 長	前田 隆文	（東 芝）	幹事補佐	兵藤 和幸	（日立製作所）
幹 事	安田 忠彰	（東京電力）	委 員	太田 英樹	（富士電機，日本電機工業会）
同	石橋 哲	（東 芝）	同	新谷 幹夫	（三菱電機）
同	高荷 英之	（東 芝）	同	金山 哲也	（明電舎）
幹事補佐	高橋 英人	（東北電力）	同	千原 勲	（富士電機）

委　　員	亀田	秀之	（電力中央研究所）	途中退任委員	富澤	和弘	（東京電力）
同	高橋	英人	（東北電力）	同	山口	昭二	（関西電力）
同	山崎	理史	（中部電力）	同	栁沼	茂幸	（東北電力）
同	川上	智徳	（関西電力）	同	赤木	隆	（中国電力）
同	佐藤	達彦	（中国電力）	同	沼田	博男	（経済産業省）
同	鵆	真二	（九州電力）	同	長濱	一昭	（九州電力）
同	大塚	孝夫	（電源開発）	同	坂井	明	（中部電力）
途中退任委員長	須賀	紀善	（東　芝）	同	水間	嘉重	（明電舎）
同	臼井	正司	（三菱電機）	同	安斎	俊夫	（三菱電機）
途中退任委員	伊藤	正弘	（中部電力）	同	大森	隆宏	（日立製作所）
同	伊藤	栄二	（日立製作所）	途中退任幹事補	井能	浩治	（東京電力）
同	立花	啓	（電源開発）	同	石川	雅幸	（東京電力）
同	前田	隆文	（東京電力）				

4　部会名及び名簿

計測制御通信安全部会

部　会　長	伊藤	和雄	（電源開発）	委　　員	佐藤	賢	（東京電力）
幹　　事	金田	啓一	（東　芝）	同	芹澤	善積	（電力中央研究所）
委　　員	金子	晋久	（産業技術総合研究所）	同	手塚	政俊	（日本電気計器検定所）
同	合田	忠弘	（同志社大学）	同	前田	隆文	（東　芝）
同	小山	博史	（日本品質保証機構）				

5　電気規格調査会

会　　長	大木	義路	（早稲田大学）	理　　事	吉野	輝雄	（東芝三菱電機産業システム）
副 会 長	塩原	亮一	（日立製作所）	同	西林	寿治	（電源開発）
同	清水	敏久	（首都大学東京）	同	大山	力	（学会研究調査担当副会長）
理　　事	伊藤	和雄	（電源開発）	同	中本	哲哉	（学会研究調査担当理事）
同	井村	肇	（関西電力）	同	酒井	祐之	（学会専務理事）
同	岩本	佐利	（日本電機工業会）	2号委員	奥村	浩士	（元京都大学）
同	太田	浩	（東京電力）	同	斎藤	浩海	（東北大学）
同	勝山	実	（東　芝）	同	塩野	光弘	（日本大学）
同	金子	英治	（琉球大学）	同	汗部	哲夫	（経済産業省）
同	炭谷	憲作	（明電舎）	同	井相田益弘		（国土交通省）
同	土屋	信一	（昭和電線ケーブルシステム）	同	大和田野芳郎		（産業技術総合研究所）
同	藤井	治	（日本ガイシ）	同	高橋	紹大	（電力中央研究所）
同	三木	一郎	（明治大学）	同	上野	昌裕	（北海道電力）
同	八木	裕治郎	（富士電機）	同	春浪	隆夫	（東北電力）
同	八島	政史	（電力中央研究所）	同	水野	弘一	（北陸電力）
同	山野	芳昭	（千葉大学）	同	仰木	一郎	（中部電力）
同	山本	俊二	（三菱電機）	同	水津	卓也	（中国電力）

2号委員	川原　央	（四国電力）	3号委員	宮脇　文彦	（電力用変圧器）
同	新開　明彦	（九州電力）	同	松村　年郎	（開閉装置）
同	市村　泰規	（日本原子力発電）	同	河本　康太郎	（産業用電気加熱）
同	留岡　正男	（東京地下鉄）	同	合田　豊	（ヒューズ）
同	山本　康裕	（東日本旅客鉄道）	同	村岡　隆	（電力用コンデンサ）
同	石井　登	（古河電気工業）	同	石崎　義弘	（避雷器）
同	出野　市郎	（日本電設工業）	同	清水　敏久	（パワーエレクトロニクス）
同	小黒　龍一	（ニッキ）	同	廣瀬　圭一	（安定化電源）
同	筒井　幸雄	（安川電機）	同	田辺　茂	（送配電用パワーエレクトロニクス）
同	堀越　和彦	（日新電機）	同	千葉　明	（可変速駆動システム）
同	松村　基史	（富士電機）	同	森　治義	（無停電電源システム）
同	吉沢　一郎	（新日鐵住金）	同	西林　寿治	（水車）
同	吉田　学	（フジクラ）	同	永田　修一	（海洋エネルギー変換器）
同	荒川　嘉孝	（日本電気協会）	同	日髙　邦彦	（UHV 国際）
同	内橋　聖明	（日本照明工業会）	同	横山　明彦	（標準電圧）
同	加曽利久夫	（日本電気計器検定所）	同	坂本　雄吉	（架空送電線路）
同	高坂　秀世	（日本電線工業会）	同	日髙　邦彦	（絶縁協調）
同	島村　正彦	（日本電気計測器工業会）	同	高須　和彦	（がいし）
3号委員	小野　靖	（電気専門用語）	同	池田　久利	（高電圧試験方法）
同	手塚　政俊	（電力量計）	同	腰塚　正	（短絡電流）
同	佐藤　賢	（計器用変成器）	同	佐藤　育子	（活線作業用工具・設備）
同	伊藤　和雄	（電力用通信）	同	境　武久	（高電圧直流送電システム）
同	小山　博史	（計測安全）	同	山野　芳昭	（電気材料）
同	金子　晋久	（電磁計測）	同	土屋　信一	（電線・ケーブル）
同	前田　隆文	（保護リレー装置）	同	渋谷　昇	（電磁両立性）
同	合田　忠弘	（スマートグリッドユーザインタフェース）	同	多氣　昌生	（人体ばく露に関する電界，磁界及び電磁界の評価方法）
同	澤　孝一郎	（回転機）			

Ⓒ電気学会電気規格調査会 2016

電気学会 電気規格調査会標準規格

JEC-2519：2016　ディジタル形周波数リレー

2016年8月19日　第1版第1刷発行

編　　者　　電気学会電気規格調査会
発 行 者　　田 中 久 米 四 郎

発 行 所
株式会社 電 気 書 院
ホームページ　www.denkishoin.co.jp
（振替口座　00190-5-18837）
〒101-0051　東京都千代田区神田神保町1-3 ミヤタビル2F
電話（03）5259-9160／FAX（03）5259-9162

印刷　互恵印刷株式会社
Printed in Japan／ISBN978-4-485-98987-6